当咖啡
遇上鸡尾酒

当咖啡
遇上鸡尾酒

[新]詹森·克拉克　著

刘鑫　译

中国纺织出版社有限公司

图书在版编目（CIP）数据

当咖啡遇上鸡尾酒 /（新）詹森·克拉克著；刘鑫
译 . -- 北京：中国纺织出版社有限公司，2021.4 （2022.8重印）
ISBN 978 -7-5180-8044-1

Ⅰ.①当… Ⅱ.①詹…②刘… Ⅲ.①咖啡—配制②
鸡尾酒—配制 Ⅳ.① TS273 ② TS972.19

中国版本图书馆 CIP 数据核字（2020）第 205350 号

原文书名：THE ART & CRAFT OF COFFEE COCKTAILS
原作者名：Jason Clark
Text and commissioned photography © Jason Clark 2018
First published in the United Kingdom in 2018
under the title The Art & Craft of Coffee Cocktails by Ryland Peters & Small, 20–21 Jockey's Fields,
London WC1R 4BW
著作权合同登记号：图字：01–2021–0330

责任编辑：范红梅　　责任校对：江思飞　　责任印制：王艳丽

中国纺织出版社有限公司出版发行
地址：北京市朝阳区百子湾东里A407号楼　邮政编码：100124
销售电话：010—67004422　传真：010—87155801
http://www.c-textilep.com
中国纺织出版社天猫旗舰店
官方微博 http://weibo.com/2119887771
北京华联印刷有限公司印刷　各地新华书店经销
2021年4月第1版　2022年8月第2次印刷
开本：787×1092　1/16　印张：13
字数：174千字　定价：128.00元

凡购本书，如有缺页、倒页、脱页，由本社图书营销中心调换

推荐序

本书是鸡尾酒行业的经典著作。它将咖啡和鸡尾酒两种不同的饮品进行巧妙搭配，创造出简单易调配的方法，并结合精美的图片展现在读者眼前。不论你是爱好者还是从业人员，这本书都值得细细品读。配上一杯咖啡鸡尾酒，一起阅读这本鼓舞人心的书吧！

祝您品读愉快！

马丁·赫达克

伦敦萨沃酒店美式酒吧调酒师

2017 年世界咖啡与烈酒大赛冠军

在詹森·克拉克发表关于鸡尾酒的看法时，所有的调酒师都会保持静默，洗耳恭听。因为詹森对全球鸡尾酒的动向和进展都了如指掌。本书是第一本介绍全球潮流饮品和咖啡鸡尾酒的书籍。19 世纪末，传奇调酒师迪克·布拉德塞尔研制的意式浓缩马天尼开启了这场风潮，但只有亲身品尝过，才能了解咖啡鸡尾酒的美妙。詹森在书中详细地介绍了每种咖啡鸡尾酒的原材料和制作工艺，进一步加深了咖啡鸡尾酒的概念。书中介绍了不同风格的咖啡和冲泡咖啡的方法，读完之后，你会明白詹森选择书中那些咖啡鸡尾酒种类的用意。这本书会让你成为真正的咖啡达人。阅读本书是一种享受！它就像一次放松的旅行，而詹森会一一向你介绍其中的故事和奥秘，它是潜移默化的，又如沐浴春风般，令人惬意。

加里·里根

传奇调酒师，《调酒的乐趣》《尼格罗尼鸡尾酒》

《调酒师的金酒》等调酒书籍的作者

自序

我非常高兴能够向大家分享咖啡鸡尾酒的调配方法，这些都是近 20 年来最受欢迎的酒精类饮品。不论你是入门者，还是颇有资历的调酒师、咖啡师，这本书都能够使你从中获得知识，受到启发。将咖啡和酒精这两种为生活带来诸多乐趣的饮品巧妙地搭配在一起，研制出更加美味的饮品。

在全球各地调酒师和咖啡师的不懈努力下，这类作品大多技艺精湛、构思巧妙，将咖啡、预调酒的品质和规模都推向了行业的黄金时代。

通常，咖啡和酒精饮品"各自为营"，分别统领着世界的白昼与黑夜：白天的咖啡，为你提神；夜晚的酒精，令你沉醉。

但正是它们让生活充满活力和精彩：一杯咖啡让我们在朝九晚五的工作中斗志昂扬；下班后，酒吧里推陈出新的咖啡鸡尾酒及日臻完美的服务体验，帮你卸去一天的疲惫，这不仅是为了上座率和收益，更是希望客人在这里获得更多的乐趣。

对调酒师和咖啡师来说，虽然佩戴的围裙上带有污渍，长时间站立会腿脚发麻，不断调配也会引起手指酸痛，而且只能在吧台或柜台后面默默服务，但这份工作所带来的满足感，是任何其他职业都无法给予的。

我先爱上了酒吧，然后又喜欢上了咖啡。作为一个夜猫子，我没有早起的习惯，就像从不喝速溶咖啡一样。但是，我在酒吧里通常要待到凌晨过后，为了能够一直保持积极饱满的状态，我不得不把咖

啡作为日常提神的必需品。所以咖啡和鸡尾酒在我的生活中都扮演了非常重要的角色，把他们调配到一起，对我而言是很容易接受的。

意式浓缩马天尼是咖啡鸡尾酒的鼻祖，它在酒吧里曾创造过鸡尾酒销量的最高纪录，也是全球最受欢迎的经典鸡尾酒。咖啡机能够帮调酒师调配出美味、易饮、甜中带涩而且有丝绒般口感的咖啡鸡尾酒，逐渐成为酒吧里的必备配置之一。但调配出的这种咖啡鸡尾酒太受欢迎，以至于调酒师整晚都要用到咖啡机，只能等到凌晨三点下班后才有时间清洗。

我在之后的章节中会详细地介绍意式浓缩马天尼，以及其他一些经典咖啡鸡尾酒的工艺，学会了这些方法，就可以为你的朋友、客人，还有你自己制作美味又提神的咖啡鸡尾酒，并享受它所带来的乐趣。

首先，我们来看一下与咖啡结合之后为什么能够给鸡尾酒增加良好的风味和口感。

风味

咖啡本身具有浓郁的风味，有人非常喜欢，也

有人很讨厌这种独特的味道。每一杯咖啡里面都有无数的风味物质，典型香气一般包括可可、太妃糖、烘烤过的香料和坚果。

这就意味着咖啡适合与具有可可、太妃糖、烘烤过的香料和坚果风味的物质相搭配。通常一些烈酒或者利口酒，比如朗姆、龙舌兰、白兰地以及意大利的阿玛罗利口酒、威士忌等具有这些香气，所以这些酒精饮品都非常适合与咖啡搭配。

咖啡中除了这些浓郁的香型，还有些比较新鲜清爽的风味。根据不同的咖啡类型，可以搭配甜菜根、西柚、草莓、苹果、橙子、百香果和核果（桃、杏、李子等）等。

咖啡既能被用作基酒，主导调配后鸡尾酒的香气（比如意式浓缩马天尼和爱尔兰咖啡），也可以被用作调味剂。在调配饮品中少量添加咖啡，能够在原有风味的基础上增加一缕清香。比如，在古典鸡尾酒中加 1 ～ 2 勺咖啡能够产生微妙的口感变化。

口感

除了风味和香气，咖啡还能够赋予鸡尾酒奇妙的口感。提到口感，我们一般会想到苦味、甜味或者酸味。但口感也可以是因为咖啡萃取工艺的差异而导致的轻重、松软绵密及冷热的差别。当你在制作或者饮用一杯咖啡鸡尾酒时，这些因素都要考虑。

我希望这本书能够帮你更好地了解咖啡鸡尾酒，激发你的灵感，调配出美味诱人的咖啡鸡尾酒。但饮酒有害健康，需适量饮用。

尽情享受咖啡鸡尾酒为你带来的乐趣吧！

目 录

如何使用这本书

希望大家读到这里的时候已经对咖啡和鸡尾酒产生了浓厚的兴趣。如果是这样，我就要举杯庆祝啦！在接下来的章节里，我会详细地介绍咖啡和鸡尾酒，并向大家分享一些调配时的小技巧以及其他配料，如苦味剂、利口酒和泡沫等的制作方法。

配套工具

当你制作经典款鸡尾酒的时候，选择正确的工具能够起到事半功倍的效果，所以建议你在阅读的时候先看下 12 ～ 15 页关于工具的指导说明。但是你要知道，任何工具都是可以被替代的。如果你能够想到其他的替代工具，比如把果酱罐当成调酒器，把擀面杖当作搅拌器，不要担心，大胆地尝试。只有使用你擅长的工具才能够发挥出最好的水平。

准备是一切的关键：首先选择一款你喜欢的鸡尾酒配方，把需要的工具和配方整齐的摆放出来，然后对着配料单检查一下材料是否齐全，刚开始不要选择太复杂的制作工艺。在制备过程中保证操作台干净整洁，东西用完后立刻归还到原来的地方，这些良好的习惯能够让你思路清晰，高效有序地完成调配。

咖啡

关于咖啡的章节（见 16 ～ 31 页）是按照培养从初级到中级咖啡爱好者的要求去介绍咖啡豆的历史、文化、采收以及如何生产优质的咖啡，培养大家对咖啡的鉴赏能力。然后，我介绍了几种不同的咖啡制作工艺（见 32 ～ 49 页），包括制作方法和一些小窍门。通过这一部分的阅读，你会知道如何制作出一杯好喝的咖啡以及如何用咖啡调配出迷人的鸡尾酒。

如果你已经是一名专业的调酒师，我也希望你在阅读的时候能够学到一些小技巧。如果你对此一点都不了解也不用担心，跟着我的思路，能够激发你的热情，提高调酒或者在酒吧点酒的技巧和能力。

鸡尾酒的类型

所有鸡尾酒配方根据调配工艺的不同，归纳到不同的章节中，每一章介绍了一种鸡尾酒的制备方法，包括摇和法、热调法、兑和法、调和法与抛接法、搅和法，选择你喜欢的类型，然后从这种方法开始学起。

配料

自制配料如果在本页没有详细介绍，那么说明我在介绍别的调配方法的时候已经写过了，你可以在书中找一下。

备注

咖啡主要取决于冲泡的方式，因此我会把咖啡和利口酒的制备方法备注到每一种配料中。当然这些只是给你的建议，通常都有其他替代的方法，你可以根据自己的需要进行选择。

图片

  本书中每一款鸡尾酒都配有成品图,你可以清楚地看到这款鸡尾酒调配好应该是什么样子,当然你可以选择其他喜欢的杯子以及装饰方法。调酒就是要不断地改进调配方法,研发新式配方,需要有创新精神!

技能水平

  在每章节的开篇,先介绍比较简单但却是经久不衰的经典鸡尾酒配方,随后的鸡尾酒配方制作难度会逐渐增加。根据你的技能水平以及需要用到的设备,可以先从简单的鸡尾酒配方开始,然后逐步增加难度,也可以直接跳到最复杂的鸡尾酒配方。

  希望更具挑战性的配方能够激发你对饮用和调配咖啡鸡尾酒的兴趣。在每张配方表的开头都有难度等级的标识,如下图。

入门级别
制作简单,只需要最基本的工具,适合初学者

中级
制作复杂,需要更多的专业技能和配料

专业级别
制作难度高,需要特定的工具和配方,适合有一定经验的调酒师

配套工具

调酒师和咖啡师都需要配备一套专业的调配工具。专业的调酒器，纯手工制作而且精细美观，在线上和厨具店里都很容易买到。专业的调酒器虽然好，但如果只是在家里调配鸡尾酒，这些并不是必需的。发挥你的聪明才智，总能在家里找到可以替代的工具。

在这一章节，我会详细地介绍一些主要的调酒工具和可替代的方法。图片里展示了很多可供选择的调酒工具，专业调酒师一般把他们放在工具箱里。如果你想要购买顶尖品牌的调酒器或者喜欢收集那些精美的小器皿，可以到相关网站上去看看。

鸡尾酒

调酒壶

两段式的波士顿摇酒壶是调酒师最喜欢的摇酒器，操作起来非常容易。此外，还有三段式英式摇酒壶或者大的实体玻璃罐。

量杯

量杯可以用来量取少量的液体。如果你没有酒吧专用的称量工具，用盛一小口酒量的小酒杯、蛋杯或者烘焙用的量勺也可以。

霍桑过滤器

霍桑过滤器紧贴波士顿摇酒器的内壁，将残渣和大力摇晃后产生的碎冰从液体中分离，是调酒器具中必备的工具。如果没有，可以用厨房里的大漏勺替代。

调酒匙

专用的调酒匙具有非常多的用途，主要用于搅拌和调配鸡尾酒。它的一端是长的螺旋形手柄，另一端是汤匙或者木勺。调酒匙也可以用来测量少量的液体（5 mL），所以可以被当作5 mL的量勺使用。

冰勺

冰勺，常常被人忽视，但它是把冰块快速放到摇酒器和杯子中的必备工具，既能节约时间又能避免手拿冰块时造成的污染，保持卫生。

玻璃杯

选择的不同款式的玻璃杯，最终做成的鸡尾酒的外观、口感，甚至于这款酒的整体形象都会有很大的差别。拥有一套不同形状的精美玻璃杯（在书中可以看到各式各样的鸡尾酒杯）能够起到锦上添花的效果。当然如果家中没有特定形状的酒杯也不要急着去买，可以选择现有的杯子替代。我曾经品尝过一些特别好喝的鸡尾酒，但它们就盛放在百货店里的普通玻璃杯、果酱罐，甚至是一次性的咖啡杯中。

最上面一行： 量杯、削皮器、霍桑过滤器、过滤网、漏勺

中间（顺时针方向）： 送你刨丝器、夹具、捣棒、调酒搅棒、调酒匙、刀

最下面一行： 调酒壶、调酒杯、苦精瓶、喷雾瓶、鸡尾酒签、冰铲

咖啡

电子称

在冲泡的过程中，即使加水也有严格的重量要求，所以电子称是必须的，它能够帮你准确称量，快速完成冲泡。

咖啡磨豆机

咖啡豆的研磨是冲泡的关键。随着技术的进步，研磨机的质量越来越好，而且价格也非常合理。你可以买一台便于操作而且经久耐用的研磨机。

上图：高档电动家用咖啡研磨机

鹅颈壶

鹅颈壶能够精准地控制冲泡咖啡的水速，而一些智能的水壶还能够调控水温。

不锈钢制的牛奶壶

可以用来加热、充气、倒牛奶。

托迪牌冷萃咖啡漏斗

我非常喜欢托迪牌冷萃咖啡提取设备，它不仅可以连续大量地萃取咖啡，并且能够保持2～3周的最佳赏味期。

其他工具

- 围裙
- 喷雾瓶
- 苦精搅拌器
- 砧板
- 肉桂撒粉罐
- 滤纸
- 朱莉普过滤器
- 量壶／罐
- 量勺
- 迷你香料研磨机
- 调酒杯
- 毛刷（清理残余的咖啡粉）
- 削皮器
- 尖刀
- 迷你篮式过滤器
- 过滤袋
- 捣棒／擀面杖
- 茶巾／擦碗布
- 夹具
- 真空密封袋

第一排： 凯梅克斯咖啡壶（Chemex）、塑料杯、炉上式摩卡壶、量勺、冰滴壶

中间一排： 紫铜壶、滤纸

最下面一排： 法式滤压壶（煮咖啡用壶）、咖啡研磨机、咖啡粉密封罐、电子称

咖啡
咖啡的起源和发展史

赏析咖啡的发展史

传说一位埃塞俄比亚的牧民发现他的山羊吃了某种浆果（咖啡豆）之后变得非常有活力。他就把这种浆果带到了当地的修道院，传教士发现食用这种浆果不仅使人精力饱满而且工作效率更高。

一位叫阿维森纳（Avicenna）的伊朗医生说，咖啡具有"助消化，保护血管"的功效。

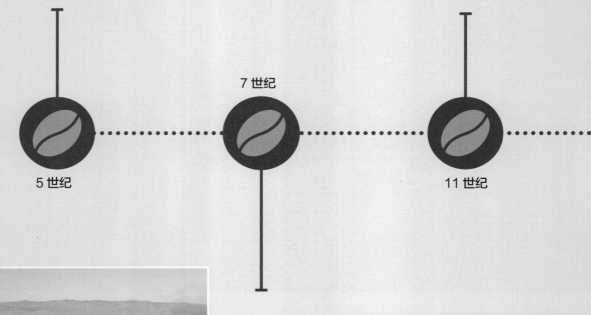

7 世纪

5 世纪

11 世纪

穆斯林的朝圣者们把咖啡豆带到了也门。他们发现豆子在烘焙之后进行冲泡，具有像茶叶一样提神的功效。于是，他们开始在山上种植，并把它称作咖瓦，也就是阿拉伯语中的咖啡。

- 一些欧洲游客在中东旅行时发现了咖啡，并把咖啡带回了欧洲……
- **1647 年：** 威尼斯出现了欧洲第一家咖啡馆"波得格德"。
- **1650 年：** 英国第一家咖啡馆在牛津开业，被戏称为"便士大学"。
- **1652 年：** 伦敦第一家咖啡馆"佛吉尼亚咖啡馆"开业。
- **1673 年：** 德国第一家咖啡馆"舒廷咖啡馆"开业。
- **1675 年：** 查理二世觉得人们在咖啡馆里密谋反政，下令禁止开咖啡馆。
- **1677 年：** 德国汉堡第一家咖啡馆开业。
- **1683 年：** 维也纳第一家咖啡馆开业，发明了"米朗琪"混合咖啡。
- **1685 年：** 荷兰人开始在殖民地种植咖啡。
- **1688 年：** 爱德华·劳埃德在伦敦开了一家咖啡馆，后来发展成世界上最大的保险公司。
- **1689 年：** 巴黎第一家咖啡馆"普罗可布"开业。
- **1696 年：** 纽约第一家咖啡馆"国王之臂"开业。

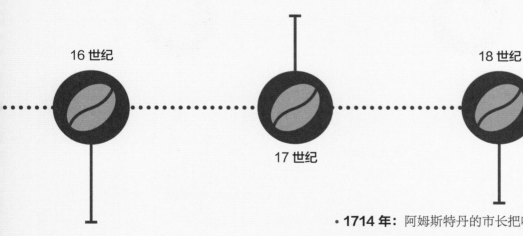

16 世纪

17 世纪

18 世纪

- 埃及、土耳其等国家和北非开始流行喝咖啡。
- 1554 年，土耳其开了第一家咖啡馆（在阿拉伯地区以外），名叫"Kiva Han"，被认为是聪明人的聚集地。
- 土耳其人把咖啡豆和生产工艺带到了希腊。直到今天，希腊人都在使用当时的生产方法。

- **1714 年：** 阿姆斯特丹的市长把咖啡作为礼物送给法国国王路易十四。
- **1720 年：** 葡萄牙人把咖啡带到了巴西。
- **1723 年：** 一位荷兰海军长官把咖啡树苗带到了加勒比海，在马提尼克岛种植。
- **1750 年：** 罗马第一家咖啡馆开业。
- **1773 年：** 发生波士顿倾茶事件后，咖啡取代茶成为美国最受欢迎的饮料。
- **1777 年：** 传教士将咖啡带到了中南美洲。

- **1818 年：** 劳伦斯先生在法国巴黎发明了第一台过滤式咖啡机。
- **1822 年：** 法国人路易贝纳·班纳特发明了第一台意式浓缩咖啡机。
- 据说路德维希·凡·贝多芬煮咖啡的时候，每次要数 60 颗咖啡豆。
- **1875 年：** 西班牙人把咖啡的种植技术带到了危地马拉。
- **1888 年：** 文森特·梵高创作了以咖啡为背景元素的油画《夜中咖啡馆露台》。

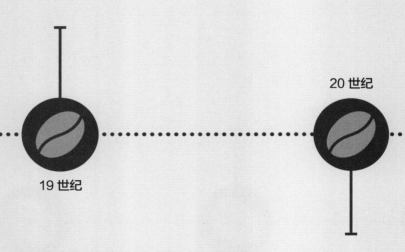

20 世纪

19 世纪

- **1901 年：** 日本裔化学家加藤佐治发明了第一款速溶咖啡。
- **1903 年：** 德国商人路德维希·罗斯利乌斯发明了低咖啡因咖啡。
- **1908 年：** 一名德国的家庭主妇梅丽塔·本茨发明了咖啡滤纸。
- **1936 年：** 墨西哥的甘露咖啡力娇酒成为全球最畅销的咖啡利口酒。
- **1938 年：** 雀巢发明了冻干咖啡供给美国军队。
- **1946 年：** 阿基里斯·加吉亚在第一台意式浓缩咖啡机的基础上增加了压力装置，使用更加方便。
- **1960 年：** 法埃马生产了第一台半自动浓缩咖啡机。
- **1971 年：** 第一家星巴克在华盛顿西雅图开业。
- **1982 年：** 美国精品咖啡协会成立。
- **1988 年：** 迪克·布拉德塞尔在英国伦敦发明了伏特加浓缩咖啡（意式浓缩马天尼）。
- **1988 年：** 墨西哥咖啡作为公平贸易的商品出口挪威。

- 全球每天消耗 16 亿杯咖啡。
- 全球 1.25 亿人有每天饮用咖啡的习惯。
- 在北美洲，每天自来水的消耗量中有 1/3 用于煮咖啡。
- **2010 年：** 星巴克营收 107 亿美元，成为全球最大的咖啡连锁店。
- **2016 年：** 到 9 月份，星巴克在全球有 23768 家门店。
- 美国是世界上最大的咖啡消耗国，1.5 亿美国人每天大约消耗掉 4 亿杯咖啡。

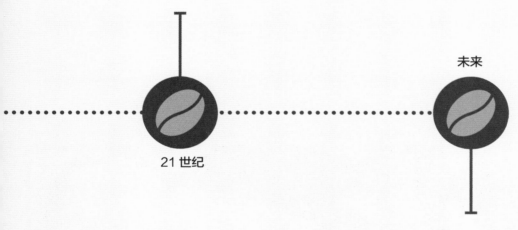

未来

21 世纪

1.25 亿人有每天饮
用咖啡的习惯

全球每天有 **22.5 亿**
杯咖啡被消耗掉

　　未来的咖啡市场会如何发展？在过去的 10 年里，咖啡市场的发展速度令人惊叹。不论是国际的质量标准还是大众对咖啡的消费热潮，都达到了史上最高。但咖啡的发展速度太快了，我们无法预料未来 10 年的变化，更别说未来 20 年、50 年，甚至 100 年后的发展了。随着全球变暖以及流行疾病的影响，咖啡的生长也受到威胁。在心里默默的为咖啡祈祷，希望我们的子子孙孙都能享受到这么美味的饮品。我希望更多的人喜欢咖啡，咖啡的关注度越高，质量标准才会越来越规范。在规范的体系下，生产商会更加注重可持续发展和自然环境，果农们能够得到应有的报酬，市场零售价更加合理。

咖啡的奇妙世界

咖啡是一个丰富而有趣的话题，各种奇闻轶事涉及历史、科学、人文等多个领域。我写的这本书并不是要详细的介绍咖啡，因为关于咖啡的内容实在是太多了，需要专门写一本书甚至是一本咖啡的百科全书来讲解。这本书主要是介绍咖啡和酒精饮料巧妙搭配而成的各种咖啡鸡尾酒，美味而又让人惊喜。

为了避免书中内容过多而造成的困惑，我会着重介绍如何泡一杯好的咖啡。读完之后，你会知道应该选择什么样的咖啡豆，以及哪种煮咖啡的方式才能调配出美味的咖啡预调酒。咖啡的品质主要取决于咖啡豆的质量，所以咖啡豆的种植、加工、储存以及烘焙都需要精心处理，否则不论多么高级的咖啡机，都无法泡出口感醇香、平衡的咖啡，因为朽木难雕！

上一页图： 马上要成熟的咖啡豆。咖啡豆成熟之前不能从树上
采摘

上图： 新鲜采摘的咖啡豆，准备进行处理

咖啡是仅次于原油的第二大的大宗商品。咖啡
的种类非常多，所以会有很多不同的标准，就像超
市里的烈酒和葡萄酒，二者同属于酒类，但是差异
显著。为了能够更好地区分劣质、一般、良好以及
优秀品质的咖啡的差异，1982 年成立了美国咖啡协
会 (SCA)，它将咖啡划分为两类。

商业咖啡

商业咖啡豆产量高，品质较差，价格便宜，通
常一些大品牌和咖啡连锁店会使用商业咖啡。咖啡
豆通过重度烘烤来掩盖材料本身的一些缺陷，所以
冲泡的时候需要加糖和牛奶进行调配。

精品咖啡

另外一类较高品质的咖啡豆，称为精品咖啡。

精品咖啡豆有严格的种植标准，采收后必须经
由 SCA 协会测评在 80 分及其以上。通常高端咖啡
店或者烘焙坊里会使用精品咖啡豆，而且会在标签
上详细介绍咖啡豆的产地、采收时间以及咖啡豆的
生产工艺。

小小咖啡豆

我们熟悉和喜欢的咖啡其实来自于咖啡树果实里面的果仁——咖啡豆。咖啡树宜生长在湿润、炎热的热带和亚热带地区，咖啡生产商也主要集中在南纬 30° 与北纬 30° 之间，海拔 1000 ～ 2000米的地方，这一区域又被称为"咖啡树的黄金种植带"。

在全球，有很多地区生产咖啡，主要有以下地区。

拉丁美洲

墨西哥、危地马拉、萨尔瓦多、哥斯达黎加、古巴、洪都拉斯、尼加拉瓜、巴拿马、哥伦比亚、巴西、秘鲁、牙买加。

非洲 / 阿拉伯地区

科特迪瓦、埃塞俄比亚、肯尼亚、乌干达、卢旺达、布隆迪、坦桑尼亚和也门。

亚太地区

印度、越南、印度尼西亚和巴布亚新几内亚。

也许你还不知道，咖啡属下有两个特别具有商业价值的亚种——阿拉比卡和罗布斯塔。而且它们又有超过 30 个变种，这些变种各自有不同的特点，果农和咖啡烘焙师根据不同的需求挑选咖啡豆的品种，波本和普拉西卡是其中最著名的两个品种。

阿拉比卡

阿拉比卡是高品质的咖啡，种植海拔高，抗虫病能力弱，不易种植，但是具有优质、复杂的香气和风味。

罗布斯塔

罗布斯塔树种耐寒，适应能力强，能够经受多变的温度和强风，既可以种植在高海拔地带，也可以在低海拔地带。罗布斯塔咖啡豆含有更高的咖啡因，冲泡的咖啡表面有更加浓密的泡沫，但是口感

右图：一个是完整的咖啡果实，另一个是切开后的果实。大多数咖啡果实含有两粒种子，即绿色的咖啡豆，但也有特例只含有一粒种子

苦涩，香气和风味单一，品质通常不如阿拉比卡。一般用来制作速溶咖啡或是便宜、生产量大的混合咖啡。

咖啡果实是像樱桃一样的浆果，而我们所说的咖啡豆其实是咖啡果实里面的种子。咖啡树上结绿色的小果子，每年结果一次或两次，经过转色期后，大部分品种的果实转变为深勃艮第红色。咖啡果实必须在完全成熟的时候完成采摘，这无疑增加了果农的采摘难度，因为咖啡树上的咖啡豆并不是同步成熟的，如果采摘了生青、未成熟的咖啡豆会影响最终咖啡豆的品质。采摘完成后，果农在取得咖啡果实中的种子之前，需要先进行三步操作。

日晒法

采收的果实曝晒在阳光下，含水量降低，咖啡果实外壳变得干硬，然后再用脱壳机去除外壳。用这种方法获得的咖啡，口感醇厚、饱满，甜度高，具有热带水果或水果罐头的风味。

水洗法

这是一种比较现代的方法，需要使用机器和水来冲洗掉果实外面的皮层，把种子暴露出来。用水洗法得到的咖啡豆一般具有柑橘类水果的风味，酸度活泼，口感比日晒法得到的咖啡更加轻柔。

左上图：日晒法，咖啡果实铺在床上进行曝晒，为了使果实外层干硬，漏出内部的种子
右上图：果农铺展咖啡生豆，在日光下均匀曝晒

蜜处理法

蜜处理法结合了日晒法和水洗法，通过水洗去掉果实外层，剩下的种子在日光下曝晒，但仍保留着咖啡果胶（mucilage）（果肉下面一层）。果农可以通过对果胶残留量等的选择，来控制咖啡豆的特性。

蜜处理法分为不同等级，根据咖啡果实处理后黏膜干燥时光照时间的长短，可以分为黑蜜处理、红蜜处理和黄蜜处理。黑蜜处理最接近自然法，黄蜜处理最接近水洗法，红蜜处理介于二者之间。

蜜处理法与其他方法相比，制得的咖啡风味更加丰富，甜度高，口感清爽而平衡。

这似乎只是技术上的问题，但是这三种处理方法的选择，比原产地对咖啡口感和品质的影响更大。

大部分专业的咖啡烘焙师都会在咖啡外包装上提供咖啡豆处理方法的信息。

咖啡烘焙厂

　　采收的果实在经过处理、干燥和静置后，果农把咖啡生豆包装好卖给烘焙师。咖啡烘焙师与果农之间往往保持着密切的联系，在经过一系列严格的品质检测后，再根据口感的测评、品牌以及顾客的需求挑选咖啡生豆。除了咖啡豆本身的特点、口感香气以及价格外，许多购买者还会考虑道德的因素。

　　咖啡豆运到烘焙厂时，闻起来没有太多风味，需要把生咖啡豆放到热水里煮一会，但这时"煮"的咖啡跟我们平时喝到的咖啡是完全不一样的。接下来咖啡豆就要进行最重要的烘焙环节，在这个过程中，绿色的咖啡豆会逐渐变为棕褐色，并散发出迷人的香气。

　　尽管每个国家的咖啡品种都被划分到同一个风味类型中，但它们的香气千差万别，所以烘焙师要先

上一页图：绿色的咖啡生豆正在原产地打包准备运送到烘焙厂
左上图：来自不同产地的咖啡品种
右上图：绿色的咖啡生豆准备运送到烘焙厂

对生豆进行测试和口感测评，来了解每种咖啡豆的特色，再进行烘焙、混合、包装，然后进入市场销售。

在烘焙咖啡豆的过程中，烘焙师要决定是选择单一品种还是混合咖啡豆，这是非常重要的。

单一源产地

这些来自单一咖啡园的咖啡生豆，经过烘焙、包装后的成品具有独特的风味和产区特色，就像葡萄酒一样，受风土的影响，呈现出复杂的香气和口感。一些特色的精品咖啡馆喜欢使用独特风味的单一源产地咖啡豆和温和的提取方式，比如冷萃咖啡（见 40 页）和手冲咖啡（见 46 页）。

混合咖啡豆

一些商业品牌和意式浓缩咖啡往往会选用来自不同产地的咖啡豆。这些咖啡豆来自不同的国家和咖啡园，香气和风味更加丰富，在烘焙的时候需要更多的热量，但是煮咖啡的时间不能太长。混合也可能是不同咖啡品种的混合，比如在混合咖啡豆中加入罗布斯塔咖啡豆，可以增加咖啡因含量和咖啡表面浓密的泡沫。

不同的源产地和咖啡品种具有不同的风味特点，选择合适的烘焙时长和烘焙程度对最终咖啡的品质有重要影响，所以需要烘焙师经过充分的试验来找到最合适的烘焙方法。

比如，咖啡师可能会对不同烘焙程度的咖啡豆做"杯测"（品评咖啡的方法），来确定单一源产地和混合咖啡豆的最佳烘焙方法。

烘焙

咖啡烘焙厂有一个很大的滚筒式咖啡烘焙机，这种设计可以使咖啡豆在烘焙时均匀受热，烘干水份，氨基酸、油脂和糖发生焦糖化反应和美拉德反应，产生咖啡特有的色泽和迷人的风味。

咖啡烘焙师要严格监控每个批次咖啡豆的烘焙情况，通过咖啡豆表面的颜色来判定咖啡的烘焙程度，确定咖啡豆的最佳烘焙度。一定要时刻关注，因为即使错过 10 秒钟，可能咖啡豆就过了最佳烘焙度了。

烘焙机有很多种类和型号，带鼓风机的类型是精品咖啡店的烘焙师傅最喜欢的，这种设备需要一定程度的手工操作来缓慢而精细地达到需要的烘焙度。大型的商用烘焙设备烘焙速度快、转幅大、容量高，而且相对成本较低。

每种咖啡豆都具有各自独特的风味和特点，因此需要根据咖啡豆的种类来调整烘焙程度。刚出炉的烘焙咖啡豆需要进行"休养"，搁置一段时间释放二氧化碳，然后再装袋密封保存。

为了能够延长咖啡豆的保鲜期，必须确保适宜的储存条件。带有单向排气阀的包装袋可以释放咖啡豆中的二氧化碳，同时防止氧气进入引起的氧化腐败，从而延长咖啡豆的保鲜期。一旦打开包装，氧气进入，咖啡豆会迅速被氧化，所以开袋后尽快食用，否则需要把剩下的咖啡豆放在密封的罐子里或者用真空封口机密封。此外，咖啡豆需要储存在凉爽、干燥、避光（不要放在冰箱）的环境中。

咖啡豆一旦被研磨成咖啡粉，被氧化腐败的速度会更快，所以必须尽快食用。烘焙度按照咖啡豆颜色可以划分为四个等级：轻度烘焙、中度烘焙、中度偏深烘焙和深度烘焙。每一个等级的咖啡都有不同的风味特点。烘焙度越低，酸度越高，口感越清淡。烘焙度越重，口感越醇厚，但是酸度和咖啡因含量会降低。

轻度烘焙（轻度式、半城市式、肉桂式）

这类咖啡豆呈浅棕褐色，适合口感温和的咖啡

和温和的冲泡方式。因为烘焙时间不长，油脂没有从咖啡豆内部渗透出来，所以其表面非常干燥。

中度烘焙（城市、美式、早餐式）

这类咖啡豆有牛奶巧克力的颜色，外表干燥，风味更加浓郁。中度烘焙适合手冲咖啡，经常被称作是美式烘焙，因为在美国，中度烘焙是最受欢迎的烘焙方式。

中度偏深烘焙（全式）

这类咖啡豆有深巧克力般的颜色，表面有轻微的油质，香甜的余味带一点苦涩。咖啡师一般会选这种咖啡豆冲泡浓缩咖啡。

深度烘焙（深度、大陆式、新奥尔良式、欧式、浓缩式、维也纳式、意大利式、法式）

这些咖啡豆类似黑巧克力的颜色，表明有明显的油脂。深度烘焙的范围很大，咖啡豆的颜色从浅黑色到焦炭色都有。这是欧式浓缩咖啡最传统的烘焙方式。

每一种等级也有一定的变化范围，所以要确定是哪个烘焙厂生产的以及烘焙师的衡量标准，才能确定咖啡豆的烘焙等级。

上图：咖啡豆按照烘焙程度从轻度到深度烘焙排列
右上图：从左到右依次是咖啡生豆、轻度烘焙咖啡豆、中度烘焙咖啡豆、中度偏深烘焙咖啡豆、深度烘焙咖啡豆

如何挑选咖啡

调酒师几乎不会亲自挑选咖啡，因为大部分酒吧有自己的咖啡供应商。他们只能从现有的咖啡豆中挑选最好的，如果能够给调酒师培训咖啡的鉴赏知识，他们会选择更高品质的咖啡来满足鸡尾酒调配的需求。

在家里，你会有更多的选择和发挥空间来冲泡一杯自己喜欢的咖啡。

购买优质的咖啡豆，对刚入门的你来说可能有点困难——就像第一次踏进法国酒窖，琳琅满目的酒标让你难以选择。如果你能找到一位专业的烘焙师或咖啡师帮你，这个环节就会变得非常有意思。

在他们的帮助下，你可以根据口味风格和源产地选择自己喜欢的咖啡，但咖啡也是季节性的，所以很难一直都选择同样的风味。但不论选择哪种咖啡豆，你都将享受一场美妙的味蕾之旅。

当你在挑选咖啡的时候，其实要看的是这 7 种关键成分：

100% 阿拉比卡 这是必须的，95% 以上的优质咖啡品牌都只会使用 100% 的阿拉比卡咖啡豆。

烘焙度 在 26 ～ 27 页的内容里已经谈到，咖啡豆的烘焙程度对咖啡的酸度、口感和风味的复杂度都有很大的影响。根据你所选用的咖啡萃取方式（见 34 ～ 49 页）来选择咖啡豆的烘焙等级。大部分咖啡品牌都会标明这种烘焙度的咖啡豆是适用于意式浓缩咖啡还是手冲咖啡。意式浓缩的咖啡豆需要深度烘焙，口感更加醇厚；手冲咖啡的咖啡豆烘焙度比较轻，果香清新，酸度和糖度更低，适合柔和的冲泡方法。如果关于烘焙的操作细节还有问题，你可以请教咖啡师。

原产国 从咖啡的原产国可以看出这款咖啡大概的风味特点，但即使同一个国家，不同的咖啡园出产的咖啡豆也是千差万别。

海拔 来自高海拔地区的咖啡豆一般比较硬，酸度怡人，口感丰富；来自低海拔地区的咖啡豆，口感更醇厚，风味比较单一。

处理方法 咖啡豆的处理方法（日晒法、水洗法、蜜处理法）对最终咖啡的口感和风味影响很大。

品种 不同品种的咖啡豆冲泡的咖啡具有不同的口感和风味。但是只有咖啡的专业人士才会了解 30 种以上的咖啡豆，对大多数咖啡爱好者而言，只要找到自己喜欢的几种咖啡豆，了解清楚他们的风格和特点即可。

品鉴词 所有参数中最重要的就是品鉴。从品鉴词中你可以找到最喜欢的风味。但如果这杯咖啡的品鉴词里有马粪的味道，即使它来自苏门答腊的高海拔有机咖啡园，相信你也不会选的。

我根据自己的经验，在每张配方的咖啡注释里写了一些小建议，但最终还是需要根据自己对咖啡口感和风格的品评来搭配适合的鸡尾酒。

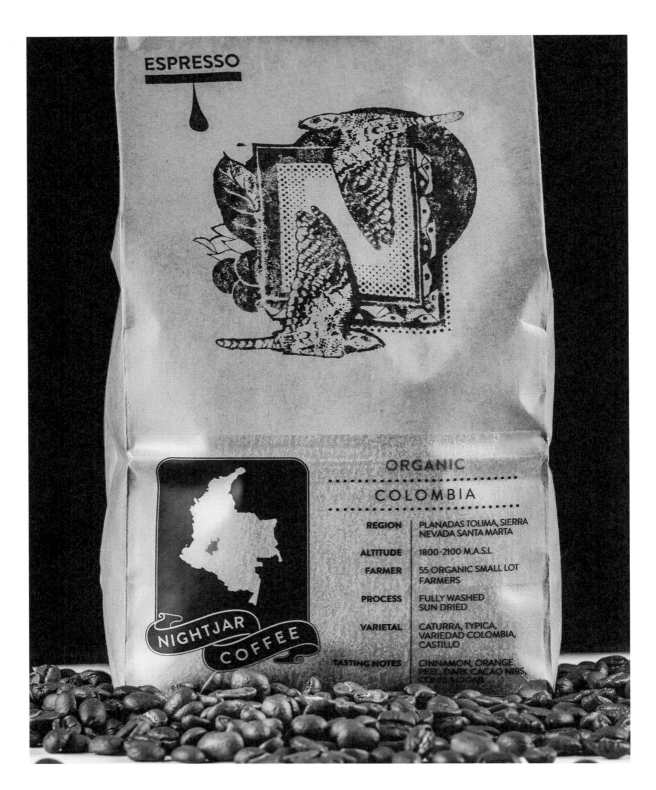

咖啡的风味

咖啡喝起来就只有咖啡的风味吗？好吧，可以这样说。但是，当我们去研究咖啡风味物质的成分时，我们会发现风味背后的科学奥秘。其实并不复杂，烘焙的咖啡豆中含有不同的成分：酸、糖、脂肪、淀粉，它们结合起来产生了独特的风味。

这些成分的提取需要水，要控制温度，在一段时间后能够提取出一定浓度的风味和香气物质（果香类、花香类、巧克力类等）。比如，当你用法压壶冲泡咖啡的时候，萃取温度越高，时间越长，得到的咖啡会越苦；而低温、短时间萃取得到的咖啡会柔和而甜美。

香气

像葡萄酒和鸡尾酒一样，我们也可以制作咖啡的香气轮盘。我一闻到咖啡，就立刻想到烘焙的香气、坚果香和焦糖。这些香气所唤起的记忆能让你提神醒脑，这也正是咖啡因带来的效果。咖啡迷人的香气让我情不自禁的咧开嘴角，想要一品芳香。

口感

当香气触碰到嘴唇时，口中香甜的口感与鼻子中甜美的气息的碰撞让人身心一震。呷一小口，舌尖能够感到咖啡的酸度、苦涩和微甜，不同的滋味仿佛在一起翩翩起舞，又像是周五晚上烧烤店外的醉汉们在互相争吵。咖啡入口后，吸一口气，你会通过嗅觉再次感受到香气的美妙（口腔与鼻腔内部相同），有苹果的香气、柑橘的香气、核果香、浆果的香气、花香，以及香草和烟熏味等。

其实，当你喝咖啡的时候也是在品尝咖啡的整个生长历程：从热带山坡上咖啡树的果实到果农、烘焙师、咖啡师手中的咖啡豆，再到杯中的咖啡。尽管每个人都有自己的生活和饮食习惯，但是我们会根据自己过往的生活经验，对获取的美食做系统的研究和分析，然后用更好的方式来享用它。但有些时候，无知则是另一种福气。

下一页的风味轮盘图可以帮你理解风味之间是如何相互影响的。这张风味轮盘图，可以帮你训练口腔和大脑共同合作来分析鉴别这些风味。比如，当我闻到了麦芽和坚果的香气，我会猜测有焦糖味、巧克力味及焦糖化，因为他们之间是相关联的。咖啡入口后，感到辛辣刺激，我会认为是酸度的原因。风味轮盘上临近的成分在咖啡中一般会一起出现。每种咖啡中都有无数的风味物质，我可能在闻到麦芽和坚果味的同时又闻到了与炭相关的烟熏味和灰烬的味道。

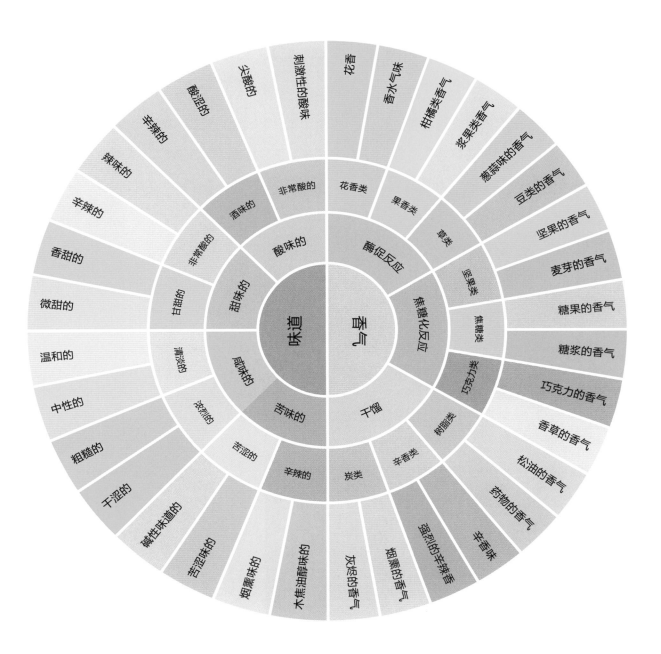

上图：这是一张最基本的风味轮盘图。1995 年，美国精品咖啡协会发布了一份详细的风味轮盘图，2016 年，世界咖啡研究中心（WCR）又对其进行了改版。这个全球最大的科学合作机构对咖啡风味的研究催生了更加丰富的风味词汇，进一步加深了咖啡专业人士对咖啡风味的理解

鸡尾酒中的咖啡工艺

希望前面几个章节的内容能加深你对咖啡的了解，知道咖啡的生产工艺以及如何挑选咖啡豆。咖啡豆的选择对咖啡风味的影响非常大。它的产地、品种、生产工艺、烘焙程度、新鲜度甚至比冲泡方式更能影响咖啡的品质和风味。但正确的冲泡和萃取方法，以及娴熟的技艺同样也很重要，接下来的内容会详细介绍这方面的技巧。

不同的咖啡冲泡方式会引起不同的化学反应，进而产生不同的风味、香气物质、口感的醇厚度、酸度、苦味以及浓郁度。

全世界有不同的咖啡冲泡工具和方法，除了你最熟悉的意式浓缩咖啡机，还可以尝试传统的阿拉比卡咖啡机、新式的爱乐压咖啡机、手持便携咖啡机等。只有尝试过不同的冲泡技术，经过研究和比较，你才会找到一种最合适调配鸡尾酒的咖啡类型。

尽管很多冲泡咖啡的方法都可以用来调配咖啡鸡尾酒，但是我比较推荐以下两种萃取方法。

意式浓缩咖啡

意式浓缩咖啡是酒吧里调制咖啡鸡尾酒的首选方式。美味又让人充满活力的咖啡出现在很多鸡尾酒的配方中，与其他萃取方法相比，浓缩咖啡快捷方便（尽管也有很多缺点）。一般会选择雀巢咖啡机或者类似的豆荚咖啡机。虽然不是十全十美，但是这些咖啡机体积小、萃取速度快、稳定性高。书中36～39页详细地介绍了浓缩咖啡机的使用方法。

冷萃

意式浓缩咖啡虽然一直以来都是调配咖啡鸡尾酒时最受欢迎的搭配。但是再过几年，调酒师和咖啡爱好者会慢慢从意式浓缩向冷萃咖啡转变。ICB（浸泡式冷萃咖啡）才是酒吧里咖啡鸡尾酒的未来趋势。

左图： 新鲜冲泡的意式浓缩咖啡

浸泡式冷萃法（见 40 ～ 43 页）操作简单、冲泡量大，咖啡品质稳定、口感平衡，而且还有更长的保鲜期，需要的时候可以立刻提供。这些优点都是酒吧里最需要的。不得不说，这种方法真的是太好用了。

小贴士

下面这些小贴士可以提高咖啡的口感和品质。熟能生巧，只有多加练习，改善不足，技艺才能提高。

• 精确的称量水和咖啡的重量。

• 确保适宜的萃取温度。

• 对相关的工具和设备进行消毒。

• 做笔记。通过笔记，你可以发现操作中的失误，不断改善，就会取得进步。

观察和学习

找一家你最喜欢的咖啡馆，点一杯咖啡，享用的同时，观察询问专业咖啡师的操作，这是你学习咖啡知识的一手资料。专业的咖啡师一般都是咖啡重度爱好者，对自己的咖啡知识自信不已，他们热爱自己的职业，乐于分享和解答咖啡相关的问题。但是要在他们空暇的时间里询问，离开前也不要忘记为你获得的知识付费哦。

上图：无论在冲泡咖啡的时候选用什么样的方式和工具，只有连贯、清晰、稳定的制作工艺，才能得到一杯优质的咖啡

记得带着充满爱意的情绪来冲泡咖啡，你不仅会得到一杯好喝的饮料，而且还会收获到意外的惊喜。

萃取

常见的咖啡萃取方式有很多种，萃取工具也有冰滴萃取壶、凯梅克斯咖啡壶、摩卡壶、虹吸壶等，再加上咖啡豆的品种以及烘焙程度，冲泡咖啡时需要考虑的因素很多。在精品咖啡馆中，咖啡师需要根据客户需求进行选择，但在家里你可以根据自己的喜好搭配。

为了能够冲泡出一杯好喝的咖啡，你可能需要进行多次的测量和练习，根据每次的结果做调整改善，最终才能泡出一杯美味而且口感平衡的咖啡。

在接下来的内容里，我会介绍冲泡咖啡的小技巧，以及四种主要的萃取工艺：意式浓缩咖啡萃取、冷萃萃取、法压壶萃取、手冲咖啡萃取，还有一部

分针对雀巢胶囊咖啡机的内容。当然，关于爱乐压、摩卡壶等其他方法我没有介绍，因为这些不太适合用来制作鸡尾酒中的咖啡。

研磨

咖啡的研磨方式对萃取的影响很大，但是往往会被忽视。不同的冲泡方法对咖啡粉的影响不同，产生的风味也不一样，如果操作不当还可能会产生异味。比如意式浓缩咖啡，只冲泡 15 ～ 30 秒，这就需要将咖啡粉研磨得更细，颗粒更小，从而在水

左下图：烘焙的咖啡豆准备放进磨豆机研磨
右下图：现磨的咖啡粉准备放进浓缩咖啡机

中能快速提取出咖啡中的风味和香气物质。另外，水在咖啡机泵的压力下，产生细腻丰富的泡沫，在浓缩咖啡的表面形成一层漂亮的"奶盖"。如果研磨得太粗糙，提取的风味物质可能不足（萃取不足）。如果研磨得太细，又会过度提取咖啡中的风味物质和可溶性物质。对于不同的冲泡方法，研磨的粒度一定要仔细考量，这样才能把咖啡豆的风味完美地呈现出来。

为了让研磨粒度更加精准，你需要一个圆锥形的盘式磨豆机（见14页），这种仪器可以保证合适的研磨粒度和均匀的颗粒大小。磨豆机的种类很多，不论是商用还是家庭版都可以在电器商店里买到。但是千万不要买刀片型磨豆机，研磨的粒度不易控制，且效率较低，非常难用。

咖啡粉需要现磨现泡，因为研磨后细小的咖啡颗粒很容易被氧化。它的保鲜期只有几天，一般储存在密封的容器里，而且要在凉爽、避光的环境下。但是，千万不要放在冰箱里。

不同的冲泡方法，对咖啡粉的粒度要求不同，你可能需要多练习几次才能找到适合的研磨粒度。我建议你把每次冲泡研磨的过程记录下来，这样既可以跟踪比较，还能避免犯同样的错误。

下图：咖啡粉从细粉到粗粉依次排列。萃取时一定要选择合适的研磨粒度，否则会影响咖啡的口感和风味。极细粉没有在图片中列出，这种粒度的咖啡粉适合土耳其咖啡的萃取

细粉

浓缩咖啡机

中细粉

爱乐压

中粉

摩卡壶
凯梅克斯咖啡壶

粗粉

虹吸式
冷 萃
法压壶

咖啡豆

意式浓缩咖啡萃取

意式浓缩咖啡机发明于 20 世纪 40 年代，当时主要是在飞机上使用。但这种咖啡机很快就在全球流行起来了，成为咖啡爱好者心中的首选。现在，意式浓缩也是鸡尾酒调配的最佳伴侣，所以咖啡机成了酒吧里的必备装置。除了意式浓缩马天尼和用意大利最好的配料制成的含咖啡因的饮料，没有什么比双份浓缩咖啡更能让人在夜晚活力四射的了。

在酒吧里用意式浓缩咖啡机，既有优点也有不足之处。优点在于意式浓缩咖啡不仅香气迷人、醇厚浓郁、冲泡速度快，酒吧里的员工和客人对意式浓缩熟悉了解，而且咖啡表面还有一层细腻丰富的"奶泡"。

意式浓缩咖啡的缺点在于咖啡机太大，占用了吧台有限的空间。机器经常使用造成性能不稳，导致咖啡的口感不同，而且相较于咖啡壶，咖啡机打出咖啡的速度太慢，调酒师每天下班前还要费力清洗。最大的问题是咖啡的品质缺乏保证，关于咖啡机使用方法的员工培训不足。

咖啡的品质

咖啡机对咖啡品质的影响有限，即使保证咖啡机的正常运转，得到的咖啡可能也差强人意。

培训

由于缺少关于咖啡机的正规培训，员工的水平不一，冲泡的咖啡品质参差不齐，而且常常失败。酒吧需要为员工提供足够的培训并进行考核，保证员工能够正确操作，冲泡出合格的咖啡。逐渐培养员工对咖啡的兴趣和热情，产生对高品质的不懈追求。

左图：咖啡从机器落入杯中的瞬间是奇妙而美丽的，迷人的颜色和香气，细腻而温热的口感，令人沉醉

小贴士

如果你已经拥有浓缩咖啡机、填压器、捣棒等工具，并且知道该如何使用，本章的小贴士可以帮你更好地利用这些工具冲泡出一杯好喝的咖啡。

• 不要用研磨器打磨太多的咖啡豆，足够一天的量即可。

• 当你用的时候再研磨咖啡豆，不要提前研磨。

• 取下过滤器，用水冲洗咖啡冲泡头 2 ～ 3 秒，把之前萃取留下的残渣清洗掉。

• 清空过滤器，把遗留的残渣擦干净。

• 最好用秤称量咖啡粉的重量，可以保证每次用量一致。如果没有秤，需要把咖啡粉填满过滤器，

拨匀，使之均匀分布，紧密度一致。

• 如果咖啡粉的分布不均匀，你可以用手拍一拍进行调整，不要用填压器拍。

• 把盛有咖啡粉的过滤器放在台子上，用填压器压均匀且平整。

• 咖啡粉一定要压实，左右转动填压器，使表面平顺。

• 用手擦掉边缘多余的咖啡粉，防止掉入粉碗中。

• 过滤器放回咖啡机后，需要立即进行萃取，否则过滤器中的咖啡粉在空气中会吸湿，被氧化。

• 观察萃取的过程。这是见证奇迹的时刻！如果萃取过快会导致萃取不足，如果过慢，又会因为过度萃取导致咖啡过分苦涩。你需要调整好萃取速度（翻看前面的章节）。

下图： 仔细填压咖啡粉以保证浓缩咖啡的品质

下图： 填压咖啡粉失败的案例

上图： 加热牛奶并打发使空气进入

上图： 正在加入打发牛奶的馥芮白咖啡

- 研磨的粒度和填压的压力是影响萃取的关键因素，你需要不断尝试调整，找到最适合这台咖啡机的粒度和压力。

- 萃取需要 20～30 秒。如果你观察萃取的过程，会发现颜色逐渐变淡，流速也会发生变化。这说明萃取马上要完成了。

- 检查咖啡表面的油脂，呈现出细腻的泡沫。理想状态下，表面的油脂"奶盖"是一层漂亮均一的细腻泡沫，没有深浅不一的色块。咖啡中的拉花和打奶泡，是一门精致的艺术。合适的奶泡需要精准的控制蒸汽棒的角度和气流，气流在牛奶中打发出流动的涡流，在加热牛奶的同时鼓入空气，同时产生微小的气泡。

- 温和而舒缓的打发奶泡，不要过度打发。

- 可以通过触摸壶底来预判牛奶的温度，但这主要取决于以往的个人经验。

- 牛奶可以加热不足，但不能过热，一旦烧焦，产生的异味会损害咖啡的品质。

- 始终保持设备和工具的整洁干净。平时需要用水和咖啡机清洗剂经常清洗保养。要知道，仔细保养咖啡机，它会把美味的咖啡回馈给你。

冷萃萃取

作为冷萃咖啡的拥趸，无论在酒吧还是家里，冷萃都是调配鸡尾酒的最好选择，它优质的口感和操作的便捷性一定会逐渐赢得大家的喜欢。

冷萃主要是依靠时间从咖啡中萃取出风味和香气物质，与其他依靠温度的萃取方式有很大差异，但得到的冷萃咖啡却十分美味。冷萃咖啡口感甜美，酸度和苦味度更低，所以美味且百搭，经常以不同的饮品形式出现在餐桌上。

冷萃的方法有很多种，都可以用来制作单一产地的阿拉比卡咖啡（见22页）。首先加入粗研磨得到的咖啡粉（见35页），类似于在法压壶使用的咖啡粉或者粒度更大的。然后按照个人喜好确定水粉比，如果有需要，我会在萃取到一定浓度时再加一点水，使咖啡更加柔和。

冰滴咖啡

制作冰滴咖啡时，需要水流缓慢地渗透到咖啡粉中，萃取咖啡中的风味物质后落入到下面的咖啡壶中。因此你要有一台专业、精致的冰滴咖啡壶（见右图）。

盛放冰水或者温水的水壶放在最上层，下面是盛放咖啡粉的容器。上层的水壶有一个水流调节器，可以用来调控水滴的速度，使水滴缓慢地渗透到咖啡粉中进行萃取，然后经过过滤器收集到下面的咖啡壶中。咖啡粉选用粗粉，类似于冷萃咖啡或法压

壶使用的咖啡粉粒度。水粉比取决于你对咖啡浓度的偏好，1∶10比较适合即饮咖啡，但是我更喜欢用1∶7配比的咖啡来调配鸡尾酒。

右图：冰滴咖啡壶。水滴在重力的作用下缓慢地渗透过咖啡粉进行萃取，生成冰滴咖啡

冰滴咖啡的制作时间取决于滴头的大小和水流的速度。我一般会选用 2 升（66 盎司）的水，280 克（10 盎司）的咖啡粉，并且调整水速为 1 滴 /1.5 秒（40 滴 / 分钟）。按照这个配比制作的冰滴咖啡，口感浓郁集中，香气复杂，但如果你喜欢温和的口感可以再加一点水。

另外一种冷萃方法，也是我自己最喜欢在家里和酒吧中使用的方法——冷泡法。

冷泡法

冷泡法其实就是"缓慢浸泡法"。方法很简单，向盛有大罐清水的容器中加入足量的咖啡粗粉，在水中浸泡，能够缓慢地浸渍出咖啡中的风味物质。浸泡结束后，用过滤器分离出咖啡残渣。

咖啡粉的粒度、水粉比以及浸泡时间是冷泡法的关键。不同的过滤器效果不同，需要稍作调整。我用这种配比（参照这一页和下一页内容）做基准，然后根据咖啡粉不同的产地和烘焙度再做调整。

尽管过去我一直选择意式浓缩咖啡调配鸡尾酒，但自从学会冷泡法，我发现没有比这种方式更适合用来调配咖啡鸡尾酒的了。如果你能用冷泡法制造一杯可口的咖啡，那么恭喜你，从此刻开始，你已经是一名专业人士了。

托迪冰酿咖啡壶

顶端的漏斗里放着 1∶5 配比的咖啡粗粉和冰水 [250 克（9 盎司）的咖啡粉，1250 克（43 盎司）的矿泉水]。萃取 16 ~ 18 小时，时间根据咖啡豆的烘焙度进行调整。塑料漏斗中安置一个可以移动的过滤器，萃取结束后，将漏斗底部的塞子拔出放在平台上，放出咖啡。收集 1 升（33 盎司）的冰酿咖啡需要 10 ~ 15 分钟。这种方式最简单也是最方便的。

右图： 托迪冰酿咖啡壶。塑料漏斗中盛放着咖啡和水。萃取结束后，拔掉底部的塞子，冰酿咖啡经过过滤器落到下面的玻璃罐中

上图： 托迪冷酿咖啡壶中，咖啡粉加入水后正在慢慢浸泡

滤纸和过滤袋

咖啡粗粉和冷水按照 1∶5 的比例［250 克（9盎司）的咖啡粉和 1250 毫升（43 盎司）的矿泉水］加入到大罐子里。根据咖啡豆的烘培度预留 18～20 小时的浸泡时间，精细的纸质过滤器与托迪冷凝咖啡壶相比，会损失更多的风味物质，所以要通过更长的萃取时间来弥补。使用前，滤纸要先用水润湿，有助于除去滤纸上的纤维并增大滤纸的孔径。过滤袋的萃取量更低，所以最好萃取 17～19 小时。

这两种方法比托迪过滤器的萃取速度慢，需要静置一旁，给予足够的时间进行萃取，不要用外力干涉。每次一般能够浸泡得到 1 升（33 盎司）浓郁的冷萃咖啡。

法式滤压壶

在家冲泡少量的咖啡时，如果找不到精致漂亮的过滤器，法压壶是再适合不过的冲泡方法了。不锈钢过滤器的孔径更大，水粉比大约在 1∶6［166克（6 盎司）的咖啡粉和 1 升（33 盎司）的水］。静置萃取 16 小时，压下活塞，倒出通过滤网的冷萃咖啡。滤出的咖啡含有油脂和咖啡中的渗出物，看起来会有些混浊。

用这些方法冲泡的咖啡味道非常浓郁，浓郁度相当于等量的意式浓缩咖啡，而且酸度和苦味低，口感丝滑细腻。如果你觉得调配出的咖啡鸡尾酒口感不平衡，可以再添加一些风味成分进行补充，比如苦味剂。

储存

冷萃咖啡装瓶后储存在冰箱中，保鲜期 2 周左右，不论在家还是酒吧，都可以直接用来调配鸡尾酒，非常方便。冷萃咖啡在饮用时可以加点冰块或者冰水，柔和口感的同时变身成"大杯装"，也可以搭配牛奶、椰奶等不同类型的奶类饮品。如果你想要马上喝一杯热咖啡，只需要向做好的冷萃咖啡中加入热水，然后就可以开心饮用了。

烘焙

一般来说，冰萃咖啡如果只是用来纯饮，我会选择小孔径或者中等孔径筛网筛选出的咖啡豆进行烘焙，这种咖啡具有水果风味，而且酸度较低。但是，如果用来调配鸡尾酒，深度烘焙的意式咖啡豆更适合，因为它的醇厚度和酸度更接近于我们熟悉的浓缩咖啡。

左上图：第一步，套上过滤袋

右上图：第二步，向过滤袋中加入水和咖啡粉

左下图：咖啡粗粉

右下图：法压壶过滤法

法压壶萃取

备受信赖的旧式活塞咖啡壶，也被称为法压壶，其操作简单，用时短，很长时间以来一直是家中冲泡咖啡的主要方法。如果在家中招待朋友，用法压壶泡咖啡，相信不到 10 分钟，你就可以气定神闲地与朋友们一起聊天喝咖啡了。冲泡咖啡的时候如果操作不认真，咖啡的口感往往会很差。所以你需要精确称量、计时、测温，才能保证咖啡的口感和品质。下面是用法压壶制作 2 杯咖啡的方法和小贴士。

2 杯咖啡的用量

32 克（1⅛ 盎司）的咖啡粗粉

100 克（3½ 盎司）的常温水

400 克（14 盎司）的开水 [加上 200 克（7 盎司）开水用于预热]

水壶中的水烧开后，倒入大概 200 克（7 盎司）的开水入法压壶中进行预热。涮洗一遍后倒掉。咖啡杯也可以一起预热。

向咖啡粉表面加入少量矿泉水均匀润湿，静置 30 秒。这一步被称为闷蒸，释放出咖啡豆中的二氧化碳并能防止倒入热水时温度过高产生异味。

快速搅拌后，再加入 400 克（14 盎司）的热水（见下一页，右上角的图片）。盖上盖子。浸泡大概 4 分钟。

缓慢且稳定地压下活塞（见下一页，左下角的图片）。

将咖啡倒入咖啡杯中，慢慢饮用。

小贴士

• 压下滤网后，立即将咖啡全部倒出，防止过度萃取产生更多的苦味。

• 选择一种你喜欢的单一产地的优质咖啡豆。不同类型的咖啡冲泡时需要不同的水粉比，所以需要多次试验调整到最适合的比例。

• 咖啡最合适的冲泡水温是 96℃（204 ℉）。

手冲咖啡萃取

V60（图片中）和凯梅克斯过滤器是近几年最受欢迎的手冲咖啡过滤器。咖啡极客和咖啡师们对手冲咖啡尤为偏爱，因为它比浓缩咖啡机的萃取方式更温和，可以完美地展现出100%单一产地阿拉比卡咖啡豆的精致香气和特殊风味。咖啡师通过调整水粉比以及水温和咖啡的研磨粒度，冲泡出清香、纯粹、易饮的咖啡。手冲咖啡的萃取过程严谨而有序，需要精确地称重和严格的水粉比。

16克（½盎司）的咖啡粗粉

250克（9盎司）的开水［理想温度是96℃（205℉），再加上100～200克（3½～7盎司）开水用来预热］

水烧开后，向过滤器中倒入100～200克（3½～7盎司）水，再转入咖啡杯或者水壶中，洗涮一遍后倒掉。此操作具有润湿滤纸和预热工具的作用。

把咖啡粉倒入过滤器中，加入50克（1¼盎司）的水进行润湿，静置20秒。这一步被称为闷蒸，释放出咖啡豆中的二氧化碳，否则会在咖啡中产生苦味的咖啡酸（见下一页，右上图）。

缓缓地倒入剩下的200克（7盎司）的热水，使得咖啡能够被充分地萃取（见下一页，左下图和右下图）。静置，待完全过滤。

小贴士

这个方法适合冲泡一壶咖啡，然后几个朋友一起分享。我不建议用来调配鸡尾酒，因为冲泡速度慢而且并不便捷。

胶囊咖啡萃取

虽然雀巢不是唯一一家能够提供咖啡胶囊的公司，但它声势迅猛地抢占了市场份额，改变了家庭和办公室冲泡咖啡的方式，成为了咖啡领域的领先者。近几年，胶囊咖啡成为了新风潮，风靡全球。

许多人对胶囊咖啡爱不释手，但也有人非常排斥。我认为胶囊咖啡既有优点也有缺点。对于一些空间比较小的场所，比如酒吧，胶囊咖啡就是一个很好的选择，因为它操作方便，而且咖啡的品质远远超过速溶咖啡甚至一些连锁咖啡店。尽管与高端的精品咖啡店相比，口感和风味有些清淡，但考虑到它的便捷和高效，这点完全可以忽略。所以，胶囊咖啡是调配鸡尾酒和无酒精鸡尾酒的理想搭档。未来几年，不论是在家里还是酒吧，相信人们会用胶囊咖啡调配出更多新奇而有创意的喝法。

很明显，胶囊咖啡的缺点就是生产胶囊而造成的污染。胶囊不能在生产中被循环使用，需要再送回到胶囊生产厂，这违背了胶囊咖啡提倡的便捷性第一的目标。现在许多消费者都非常关注环保问题，所以这是一个很大的麻烦。

单份胶囊咖啡已经逐渐成为这个时代的速溶咖啡。如果它让你喜欢上咖啡，而且可以确保我在拜访时得到一杯可口的咖啡，为何不尝试一下呢？而且它会帮你开启一段优质咖啡的寻味之旅。

对于喜欢用胶囊咖啡机的人，我有三个小建议。

• 咖啡机的水箱中不要放太多水，这样你每次都可以使用新鲜的水泡咖啡。

• 设备始终保持干净卫生。每次使用前，先加入一点水清洗之前留下的残渣。

• 如果你是因为方便而选择胶囊咖啡机，可以考虑换成冷萃咖啡（见40页）。每次加入2升（66盎司）的水，得到的咖啡足够喝1～2周，而且冷萃咖啡风味浓郁，口感柔和，操作时也不容易产生问题。

下图和下一页的图片：胶囊咖啡机和咖啡胶囊

鸡尾酒
鸡尾酒入门

什么是鸡尾酒？鸡尾酒是酒精饮料混合很多其他的成分调配出的饮品，但味道却远远好过其中任何一种。调酒师在调配鸡尾酒的瞬间，也向顾客完美诠释了他们的才能和独特的魅力。

完美的金汤力

来一杯简单的金汤力。在全球任何一家酒吧都可以喝到金汤力，而且都是由金酒、汤力水、装饰物和冰块这4种成分调配而成，但却各有千秋。

选择不同的玻璃杯型，鸡尾酒会呈现出不同的视觉效果和香气。冰块的形状、品质、大小也会影响鸡尾酒的美观、温度和风味。看似不起眼的柑橘，一直放在调配的最后才添加，稍微挤压一下就会向饮品中渗透果汁和精油，增强鸡尾酒的香气和风味，尤其是搭配个性鲜明的金酒，如果味道相互匹配，会起到相得益彰的效果。

究竟是柑橘更适合搭配金酒，还是其他像黄瓜、新鲜薄荷之类更适合呢？

金酒和汤力水的品牌和配比都会影响鸡尾酒最终的口感。如果金酒太多，气味和酒精度太强会使人产生不舒服的感觉，汤力水太多，又会失去金酒的风味。但是这两种成分真的搭配吗？顾客是否喜欢它们调配在一起的口感呢？

定制

任何一款鸡尾酒都是为客人服务的，满足客人当下的需求，期待他们在喝完之后能带着笑容发出

"哇"的赞叹，心情愉悦，走路的步伐也变得轻快。鸡尾酒是装在杯中的幸福物语。

一杯完美的鸡尾酒

一杯完美的鸡尾酒取决于不同味感之间的平衡——强滋味和弱滋味的平衡、甘甜和酸涩的平衡以及咸和鲜的平衡。当它们完美搭配在一起时可以相互促进、相互补充，最终呈现出我们熟悉和喜欢的口感。

经典的鸡尾酒一般都是由上面的几种成分组成，它们巧妙地调配在一起形成了特别的配方，而且这些配方里的配料可以选择其他物质替换，给予我们充分的发挥空间。根据饮品的风味，你可以把配料换成其他的类似口味，比如白糖糖浆就可以换成红糖、枫糖浆、蜂蜜、龙舌兰或其他调味糖浆。

你选择新配料的添加量可能与原来的配料不同，因为每种物质的糖分和风味物质的含量不一样，但是相差不多，可以通过品尝来进行量的调整。品尝后，你会发现可能是咖啡、冰块或者其他风味物质引起的口感差异。

很多鸡尾酒的基础成分是相同的，只是调配方式不一样。如果你掌握了鸡尾酒的基本组成结

构，也可以像专业调酒师那样，结合其他喜欢的鸡尾酒配方对书中的方法进行调整，研制出新款鸡尾酒。

配料成分

鸡尾酒配料的品质远比数量更重要。品质决定了口感，所以在预算之内要尽可能选择最优质的配料成分。我建议选择新鲜、天然的成分而不是廉价的批量产品。比如，新鲜的覆盆子或者天然的覆盆子果泥，口感要远远好过由 5% 覆盆子、玉米糖浆、E512 和糖合成的覆盆子糖浆。浓缩咖啡也是一样的道理，用优质来源的咖啡豆萃取而成的浓缩咖啡，醇厚浓香，是任何连锁咖啡店都无法比拟的。

调配鸡尾酒，需要不断的品尝和调整配方的含量，直到获得最佳口感。你也可以在搅拌之后，用勺子滴一滴到手背上，品鉴鸡尾酒的口感是否平衡。

最后也是最重要的一点，享受鸡尾酒给你带来的乐趣！鸡尾酒为调酒师在内的每一个人都带来了乐趣。如果它没有为你带来开心和快乐，一定是某个环节出错了。

加油，你一定能调配出美味的鸡尾酒！

摇和法

　　用摇和法调配咖啡鸡尾酒时，表面能够产生一层优雅漂亮的泡沫，细腻而蓬松，其中最具代表性的就是浓缩马天尼咖啡鸡尾酒。随着咖啡文化在全球的流行和推广，酒吧也需要配备精良先进的咖啡机并掌握它的使用技巧。咖啡的普及和著名的浓缩马天尼鸡尾酒的流行，使得咖啡鸡尾酒在过去几年大受欢迎。

调酒师小窍门

- 对于需要使用摇和法的鸡尾酒，酒杯要提前冰镇。比较简单的做法是在鸡尾酒杯中加一点冰块或者碎冰，然后就可以放置一边开始调配鸡尾酒了。
- 摇酒壶中先放入鸡尾酒的配方材料，但不要填满，再加上冰块封顶。绝对不能在放鸡尾酒配料前加入冰块。
- 摇晃时要加入冰块。用力晃动摇酒壶直到在外面看到一层冰霜为止，大概需要 10 秒钟。
- 打开摇酒壶，替换新的冰块或者清理冰镇酒杯时化掉的冰水，倒入鸡尾酒。
- 大部分加冰鸡尾酒中的冰块并不是摇酒壶中的，而是调配完加入的新鲜冰块。
- 鸡尾酒在上桌前（不含冰块）需要经过双重过滤。使用霍桑过滤器、滤网过滤掉碎冰以及配料中的残渣。

意式浓缩马天尼

　　意式浓缩马天尼的起源，可以追溯到 20 世纪 80 年代末期，当时迪克·布拉德塞尔（Dick Bradsell）还在伦敦的弗雷德酒吧（Fred's club）做吧台调酒师，他是 20 世纪最有影响力的调酒师之一，为现代鸡尾酒的革新做出了巨大贡献。一位年轻的模特走到迪克的面前，想要一杯"既能叫醒我，又能灌醉我"的酒。迪克就将当时流行的伏特加和意式浓缩咖啡混合，并添加咖啡利口酒和糖浆调整风味，摇晃均匀后就得到了一杯能够提神，香甜中又带点苦涩回味的咖啡鸡尾酒，然后把它倒入优雅的酒杯中。摇杯时，鸡尾酒上层会出现漂亮的白色奶油层，具有绵密的口感，下层酒液入口后如天鹅绒般丝滑柔顺。当时这款鸡尾酒被称为浓咖啡伏特加"药物兴奋剂"。任何一款鸡尾酒都需要有好的配方，才能受人喜欢。做意式浓缩马天尼的时候，需要先加入刚做好的意式浓缩咖啡，这样在加入其他成分的同时可以冷却咖啡，最后加入冰块摇匀。其实，这是一款非常简单的饮品，只是加入了伏特加、糖浆、利口酒等特殊的成分，但要调配好糖浆和咖啡的比例，不能过于甜腻或苦涩。令人遗憾的是迪克在 2016 年不幸去世。他生前为人低调，在吧台前总是低着头，安静地为客人调配鸡尾酒，用自己特制的鸡尾酒向客人传达内心的喜乐。迪克创作的鸡尾酒非常受客人喜欢，制作却非常容易，这让其他调酒师非常懊恼，"怎么我就没有想到呢？"感谢迪克为我们带来这么好喝的意式浓缩马天尼！

配料

伏特加　40 毫升（1⅓ 盎司）

现制意式浓缩咖啡　30 毫升（1 盎司）

咖啡利口酒　20 毫升（⅔ 盎司）

葡萄糖浆　10 毫升（⅓ 盎司）

装饰物

3 颗咖啡豆

　　将所有的配料和冰块加入鸡尾酒调酒器中，摇匀，经过双重过滤后倒入冰镇过的马天尼酒杯或者玛格丽特杯中，最后放几颗咖啡豆做点缀。

　　糖浆的调配： 取 1 千克（约 5 勺）绵红糖，加入 500 毫升（17 盎司）的开水，搅拌溶解后，进行冷却，然后加入到无菌瓶中，冷藏 4 个月。

　　☕ 咖啡　可以使用自制的浓缩咖啡，但最好是冷萃咖啡，冷萃咖啡具有更好的口感。

　　🍾 利口酒　一般使用伏特加做基酒，市场上有很多伏特加品牌可供选择，但我一般会选坎特 1 号（Ketel One）伏特加，其口感柔和，具有谷物的味道，能够与其他配料尤其是特浓咖啡很好地融合在一起。

牛奶&饼干

牛奶和饼干的经典吃法唤起了童年最美好的回忆。在经典搭配的基础上，我又加入了成人饮品——咖啡和利口酒。最好的做法是把这些配料直接放到最终饮用的杯子里然后进行摇晃，或者也可以放进摇酒壶中，但是不要加冰。

配料

威士忌　45 毫升（1½ 盎司）

冷萃咖啡　30 毫升（1 盎司）

金黄糖浆　15 毫升（½ 盎司）

液体乳品（牛奶或者果仁牛奶）　90
　毫升（3 盎司）

装饰物

3 颗咖啡豆

把配料加入到容积为 300 毫升（10 盎司）的瓶子或者摇酒壶中，使用前，容器需要进行预冷处理。如果你喜欢，还可以在鸡尾酒旁放几块小饼干，以供享用。

☕ 咖啡　双份浓缩咖啡或者冷萃咖啡都很适合调酒。当其他配方都放到摇酒壶里摇匀后，再加入咖啡，我喜欢看着金黄色的咖啡在白色的液体奶中渗透下落，奇妙而美丽。为了得到更多的细腻泡沫，需要再次进行摇动。

🍾 利口酒　这张简单的配料表其实是开放式的，具有多种选择。不论是苏格兰混合威士忌、单一麦芽威士忌、混合麦芽威士忌、爱尔兰威士忌、加拿大威士忌还是美国威士忌，你可以选择其中任何一种喜欢的威士忌来调配这款酒。而且这款鸡尾酒口感丰富，加入任何配料都可以搭配。即便是高酒精度的伏特加、朗姆、龙舌兰或者白兰地，也能调配出美妙的滋味。

咖啡巨无霸

　　这款预调酒的初衷就是简单、方便。当你调配多杯意式浓缩马天尼时，可能会太过忙碌，因为长时间在厨房准备而失去与客人或者朋友交流的时间。但是这款鸡尾酒，你可以提前调配 1 瓶，大概能够分 10 杯的量，然后放进冰箱里就行了。等客人到了，把瓶子从冰箱里取出，摇动后就可以跟大家一起分享了。

配料（10 份的量）

伏特加　450 毫升（15 盎司）

现制冷萃咖啡　300 毫升（10 盎司）

咖啡利口酒　150 毫升（5 盎司）

糖浆　85 毫升（2¾ 盎司）（见 55 页）

安高天娜苦酒　10 抖振（dash）（非必选）

装饰物

咖啡豆

肉豆蔻粉，每份撒一点（非必选）

　　这些配料可以分 10 份的量，把配料放到容量为 1 升（33 盎司）的瓶中。准备饮用时，每份准备 100 毫升（3¼ 盎司）倒入摇酒壶，加入冰块后，摇动酒壶或者直接摇动瓶子，加冰后倒入鸡尾酒杯中。如果喜欢还可以在鸡尾酒表面撒点肉豆蔻粉，再加几颗咖啡豆点缀。

　　🫘 **咖啡**　我喜欢口感丰富的冷萃咖啡，我会选用危地马拉或者哥伦比亚中度烘焙的咖啡豆。

　　🍾 **利口酒**　用伏特加做基酒，选择一个你喜欢的伏特加品牌。苦酒可以增加复杂性，平衡甜度，但并不是必需的配料。

咖啡和古巴人

如果你像我一样喜欢咖啡、朗姆、雪茄和巧克力，那么这款酒一定适合你。虽然配料简单，但是调配在一起就产生了美妙的滋味。每次到古巴旅行，我都会去喝浓缩咖啡和朗姆酒，再配上一支上好的雪茄，感觉人生已经达到了巅峰。于是，我就想到把这三者结合在一起调配成鸡尾酒，加点糖会使口感更加圆润，还可以搭配几块黑巧克力一起享用。这款鸡尾酒应该是爸爸们在父亲节菜单上的必选酒款。

配料

古巴朗姆酒 45 毫升（1½ 盎司）

浓缩咖啡 30 毫升（1 盎司）

黑糖糖浆 7.5 毫升（¼ 盎司）（见 55 页）

装饰物

肉豆蔻粉

配餐

黑巧克力（可可固形物含量 70%）

海盐

雪茄（非必选）

把鸡尾酒的配料全部放进摇酒壶中，加入冰块后开始摇动，两次过滤后倒入冰过的古典玻璃杯中，不加冰。撒一点肉豆蔻粉在酒面上进行点缀，同时还可以放几款黑巧克力，上面放点海盐一起搭配享用，如果你喜欢还可以再配上一支雪茄。

咖啡 可以选用优质的浓缩咖啡或者风味浓郁的冷萃咖啡，比如用危地马拉咖啡豆、哥伦比亚咖啡豆或者古巴咖啡豆进行冷萃处理。

利口酒 选择一款口感温和、陈年的古巴朗姆酒。我一般会用马图萨勒姆珍藏朗姆酒（Matusalem Reserve）或者索莱拉 15 号朗姆酒（Solera 15）进行调配，百加得 8 号朗姆酒（Bacardi 8）和哈瓦那 7 号朗姆酒（Havana 7）也可以。

巨无霸黑啤鸡尾酒

你可能会觉得这款鸡尾酒具有爱尔兰咖啡的风味，因为它就是根据爱尔兰咖啡的工艺改进而成的鸡尾酒。作为健力士冰啤的铁粉，我在这款鸡尾酒的配料中加入了健力士啤酒，与咖啡和威士忌一起组成了这款巨无霸黑啤鸡尾酒。这款黑啤巨无霸虽然少了黑啤本身的纯粹口感，但却得到了更多的美妙风味。而且健力士啤酒像奶油一样，能为鸡尾酒增添丝绒般柔滑的质感。

配料

爱尔兰咖啡　35 毫升（1¼ 盎司）

无花果和榛子风味冷萃咖啡（浓度稀释一半）（见 191 页）90 毫升（3 盎司）

糖浆（见 55 页）　15 毫升（½ 盎司）

爱尔兰健力士黑啤　90 毫升（3 盎司）

装饰物

轻轻地撒一点肉豆蔻粉

把威士忌、咖啡和糖浆放到鸡尾酒的摇酒壶中，再加入冰块，摇动后过滤，倒入冰过的健力士半品脱啤酒杯中。然后向啤酒杯中倒入健力士，啤酒因为倾倒时的高低落差产生白色泡沫，增加了绵密的口感。

🫘 **咖啡**　深度烘焙的哥伦比亚咖啡豆、危地马拉咖啡豆或者巴西咖啡豆冲泡的咖啡都可以用来与威士忌和黑啤搭配。冰萃咖啡的口感太过浓郁，所以冲泡好的咖啡需要用水稀释到一半的浓度。在这款鸡尾酒中使用普通的冷萃咖啡即可，但如果选择无花果和榛子味的冷萃咖啡（见 191 页）来搭配，口感会更好。

🍾 **利口酒**　选用一款酒体饱满的爱尔兰威士忌，比如图拉多威士忌（Tullamore Dew）、罗伊威士忌（Roe & Co）、尊美醇黑桶（Jameson Black Barrel）或者尊美醇博尔德威士忌（Jameson Bold），与咖啡和黑啤调配在一起都能产生美妙的风味。

法压马天尼

　　法压马天尼鸡尾酒是意式浓缩马天尼的简易改良版。2008 年，在新西兰皇后街的一个家庭聚会上，我创造了这款鸡尾酒作为音乐会的开场。当时屋里的朋友们都有点口渴，我决定调一杯令人振奋的咖啡鸡尾酒，拉开今晚的精彩序幕。由于身边没有咖啡机或者咖啡利口酒，我就即兴发挥，在法压壶冲泡的咖啡中加了一些香料。先把可可粉、五香粉和细砂糖放到泡好的咖啡中，再加水搅拌。然后准备了 6 份 60 毫升（2 盎司）的咖啡混合液和 45 毫升（1½ 盎司）的伏特加，全部放到一个比较大的酸洗罐（已消毒）中，摇晃均匀，这样就可以迅速地准备出足够的量，让每一个人都有一杯法压马天尼，正式开启今晚的精彩活动。

配料（20 份的量）

咖啡粗粉　64 克（2⅓ 盎司）

细砂糖　150 克（¾ 杯）

可可粉　½ 茶匙

五香粉或者肉桂粉　¼ 茶匙

热水　900 毫升（30 盎司）

伏特加　1 升（33 盎司）

装饰物

五香粉

　　将除了伏特加和五香粉的所有配料加到法压壶中，静置 4 分钟。搅拌后按下活塞，把咖啡混合液倒入新的罐子或者瓶子里，防止过度萃取。

　　取 60 毫升咖啡混合液和 45 毫升伏特加，放入鸡尾酒摇酒壶中，加冰块填满后，用力摇动。过滤后，倒入冰过的香槟杯、马天尼鸡尾酒杯或者类似的杯子中。最后，撒点五香粉做点缀。

　　🪙 **咖啡**　你可以用家中食品柜里的任意一款咖啡粉来调配这款鸡尾酒。

　　🍾 **利口酒**　你可以选择任何一个喜欢的伏特加品牌。另外，香草伏特加、金朗姆或者加香朗姆酒也可以用在这款鸡尾酒中。

意大利的秘密

　　这款鸡尾酒的灵感源于意大利南部的一款咖啡，那里的人们喜欢在重度烘焙的意式咖啡中加一片柠檬，增加新鲜的香气，缓和强烈的苦味。这种方法很快就传播到了世界各地。我在这款咖啡的基础上又加了另一种特殊的成分——利口酒。所以当你用咖啡杯喝这款鸡尾酒时，即便谨慎地用小口喝，也很容易醉。

配料

意大利葡萄果渣白兰地　15毫升（½盎司）

榛子风味利口酒　15毫升（½盎司）

雅梵娜餐后利口酒（Averna Digestivo）　15毫升（½盎司）

摩卡咖啡　60毫升（2盎司）

装饰物

柠檬皮

　　把所有的配料倒入鸡尾酒的摇酒壶中，加冰块后用力摇动，经过两次过滤后，倒入小的咖啡杯中。把柠檬片放在杯子边缘做装饰，根据喜好还可以搭配意大利咖啡饼干和榛子果仁一起享用。

　　咖啡　经典的炉上式摩卡壶冲泡的咖啡最适合调配这款鸡尾酒，另外风味浓郁的意式浓缩咖啡也可以。

　　利口酒　我喜欢使用陈年的、具有坚果风味的意大利果渣白兰地，比如金色柯奇果渣白兰地（Cocchi Grappa Dorée）。最适合调配这款鸡尾酒的利口酒是意大利的榛子利口酒（Frangelico），但我个人比较喜欢用意大利东北部的核桃利口酒（Nocello）。

了不起的无花果

　　这款美味的鸡尾酒混合了咖啡、西班牙白兰地还有一些来自西班牙赫雷斯产区的精致的佩德罗 - 希梅内斯苦艾酒。无花果酱增加了口感的丰富度，阿芙罗蒂苦味酒增添了咖啡、可可、姜、辣椒、五香粉等香气，共同组成了这款风味浓郁、复杂的冷萃马天尼。你绝对想不到，无花果还能有如此美妙的滋味！

配料

西班牙白兰地　40毫升（1⅓盎司）

佩德罗 - 希梅内斯甜雪莉苦艾酒　20
　毫升（⅔盎司）

冷萃咖啡　40毫升（1⅓盎司）

无花果酱　1茶匙

亚当博士阿芙罗蒂苦味酒　3抖振

装饰物

新鲜的无花果半颗

　　把配料放到鸡尾酒摇酒壶中，加冰块摇动，两次过滤后倒入冰镇过的马天尼酒杯中。酒杯边缘可以放半颗新鲜的无花果点缀。

　　☕ **咖啡**　我一般选择轻度烘焙的埃塞俄比亚的阿拉比卡咖啡豆，按照6∶1的水粉比（40～43页）调配，冲泡出的咖啡具有明快的酸度和水果干的风味。

　　🍾 **利口酒**　桃乐丝10年的西班牙白兰地具有浓郁的水果和坚果的风味，与雪莉苦艾酒非常搭配，结合香料的辛辣口感，风味丰富而平衡。

J的小甜菜

你可能并不相信，甜菜根与咖啡非常搭配，而且甜菜风味的拿铁咖啡偶尔还会出现在一些创意咖啡馆的菜单上。这款鸡尾酒是根据酸酒的调配方式变化而来的，本品以威士忌为主，咖啡只是起到辅助和烘托作用的配角。

配料

苏格兰混合威士忌　45毫升（1½盎司）

杜林标利口酒　15毫升（½盎司）

冷萃咖啡　15毫升（½盎司）

甜菜汁　30毫升（1盎司）

柠檬汁　15毫升（½盎司）

蛋清　15毫升（½盎司）

木槿花糖浆　7.5毫升（¼盎司）

少量的比特储斯克里奥苦味酒（The Bitter Truth Creole Bitters）

装饰物

一颗覆盆子

脱水的覆盆子干粉

把所有的配料放到调酒壶中，加入冰块后摇匀，两次过滤后倒入冰镇的笛形杯中。在鸡尾酒表面撒点覆盆子干粉并放一颗覆盆子做点缀。

☕ **咖啡**　在这款鸡尾酒中，咖啡用来辅助其他配料的浓郁风味。我会选择轻度烘焙度的咖啡豆，其具有明快的酸度和水果干的风味。

🍾 **利口酒**　优质、中等酒体的苏格兰混合威士忌适合调配这款鸡尾酒，比如杰克丹尼的黑牌威士忌、芝华士12年威士忌或者帝王8年威士忌。

金色丝绒

这款金灿灿的鸡尾酒看起来高档而奢华，作为餐后酒绝对会让你的朋友们记忆犹新，入口时就像液体黄金般在舌尖起舞。如果在深夜想喝一杯鸡尾酒，金丝绒鸡尾酒是非常好的选择，因为它咖啡含量很少，不用担心咖啡因的兴奋作用让你睡不着觉了。

配料

咸焦糖伏特加利口酒　37.5毫升（1¼盎司）

烈酒43利口酒（Licor 43）　15毫升（½盎司）

香蕉味利口酒　7.5毫升（¼盎司）

含有一半奶油的牛奶（half & half）　30毫升（1盎司）

冷萃咖啡　15毫升（½盎司）

少许咖啡味苦精（见192页）

一小撮可食用金粉

装饰物

先用烈酒43利口酒喷洒酒杯，再用金粉、金箔和跳跳糖涂满杯身

准备杯子： 选择冰镇过的笛形杯，并用金粉涂满杯身。

制备鸡尾酒： 把鸡尾酒的配料全部放到摇酒壶中，加入冰块用力摇动，经过两次过滤后倒入杯中，表面再撒点金箔做装饰。

☕ **咖啡**　为了搭配这款鸡尾酒丝滑细腻的口感，需要使用苦味低的轻度烘焙的咖啡豆。我会选择带有坚果风味的印度尼西亚单一源产地的咖啡豆制作冷萃咖啡。

🍾 **利口酒**　我会用苏联咸焦糖伏特加。如果买不到，也可以用香草味伏特加替代。烈酒43是一款非常美味的加香型西班牙利口酒，具有香草和橙子的风味。

咖啡樱桃

这款鸡尾酒的创意来源于紫红色的咖啡樱桃，果实里面含有咖啡种子，即我们所说的"咖啡豆"。新鲜甘蔗汁的清新爽脆非常适合搭配覆盆子和柠檬，咖啡以咖啡冰的形式加入到鸡尾酒中，缓慢融化后，逐渐赋予其浓郁的风味。咖啡豆壳使用的是干燥的咖啡果肉，在取咖啡豆的时候一般把这部分扔掉了。它与蜂花粉调配形成的糖浆，具有酸角果温热、甘甜的风味。

配料

大块的球形咖啡冰（见 188 页）

甘蔗汁　45 毫升（1½ 盎司）

希琳樱桃利口酒（Cherry Heering
　　liqueur）　10 毫升（⅓ 盎司）

柠檬汁　30 毫升（1 盎司）

覆盆子果酱　30 毫升（1 盎司）

咖啡果皮蜂花粉糖浆（配料见本
　　页）　15 毫升（½ 盎司）

蛋清　15 毫升（½ 盎司）（非必选）

少许贝桥苦精（Peychaud's Bitters）

装饰物

金箔

蜂花粉

咖啡果皮蜂花粉糖浆

蜂花粉　20 克（¾ 盎司）

矿泉水　500 毫升（17 盎司）

白糖　500 克（2½ 杯）

咖啡豆壳 / 咖啡果干　50 克（1¾ 盎司）

柠檬酸　0.5 克

咖啡果皮蜂花粉糖浆：选择大的酱汁锅，先对蜂花粉进行烘烤，再加入其他的成分，在锅里煮沸。不断搅拌直到糖和蜂花粉都能够溶解。熄火取下锅，冷却后进行过滤。装瓶后冷藏 4 周。

调配鸡尾酒：先把球形冰块加入到无柄酒杯中。剩下的配料放到摇酒壶中，加冰后摇动，然后过滤，倒入酒杯中。最后在鸡尾酒表面撒一点金箔或者蜂花粉做点缀。

🫘 **咖啡**　在这款鸡尾酒中，咖啡只是用来辅助其他风味的，所以选择任何一款风味浓郁的冷萃咖啡都可以。我喜欢把陈年咖啡豆萃取的冷萃咖啡冻成冰块，然后在这种时候就可以取出使用了。

🍾 **利口酒**　选择一款你喜欢的甘蔗酒搭配这款经典的樱桃利口酒。

雄鹿之争

　　我一直想要调配一款更男性化的浓缩马天尼，放在坚固的玻璃杯中，专门为那些喜欢重口味咖啡和高度烈酒的人而设计，于是就有了这款雄鹿之争。这款鸡尾酒将两种不同特点的液体调配在一起，但是它们在酒瓶的商标上都有一只强壮的雄鹿。提到雄鹿，我的脑海里立刻出现了一幅在森林里狩猎后，围在篝火旁喝鸡尾酒的画面。伏特加可以替代格兰菲迪威士忌里的大麦芽的风味，咖啡利口酒可以替代野格利口酒中的香辛料的辛辣以及甜中带苦的口感，另外浓郁的冷萃咖啡也可以代替浓缩咖啡，具有更加浓郁的风味。把调配好的鸡尾酒倒入冰镇的岩石杯中，杯中的可乐与鸡尾酒相互碰撞，表面不断涌出泡沫，形成了一层厚厚的白盖，同时飘散出缕缕芳香。

配料

可乐　15毫升（½盎司）

格兰菲迪12年威士忌　35毫升（1¼盎司）

瓦娜塔琳利口酒（Vana Tallinn liqueur）　7.5毫升（¼盎司）

冷萃咖啡　45毫升（1½盎司）

丁香　3颗

橙子皮　4厘米（1½英尺）

装饰物

肉桂可可粉

1颗八角茴香

　　先把可乐倒入冰镇过的岩石杯中。剩下的配料放到摇酒壶里，填满冰块后用力摇动。过滤后倒入刚才盛可乐的玻璃杯中。最后再撒点肉桂可可粉，放1颗八角茴香点缀。

　　☕ **咖啡**　这款鸡尾酒是以其他风味为主，起辅助作用的咖啡增加了其风味的多元性，所以你可以尝试用身边任何一款风味浓郁的冷萃咖啡。

　　🍾 **利口酒**　野格、麦芽威士忌与冷萃咖啡调配在一起，具有非常好的口感。瓦娜塔琳利口酒以爱沙尼亚的朗姆酒为基酒，具有甜美的柑橘、香草和肉桂的芳香。虽然瓦娜塔琳利口酒不是这款鸡尾酒的必选配料，但加入后会使鸡尾酒更加美味。如果没有找到这款酒，也可以用君度利口酒代替。

禁忌之果

这款水果鸡尾酒是根据加拿大调酒师南娜·科普特（Nanna Coppertone）在阿联酋世界挑战赛上的一款参赛作品而改良设计的。我当时对他的那款鸡尾酒印象特别深刻，他非常巧妙地将具有微妙酸度的咖啡和令人齿颊生津的青苹果搭配在一起。而且这款鸡尾酒与龙舌兰酒特殊的植物香气非常契合，调配出的鸡尾酒清新爽口，与常见的咖啡鸡尾酒风味不同。

配料

唐胡里奥（Don Julio Blanco）龙舌兰
　酒　45毫升（1½盎司）
卡尔瓦多斯苹果（Calvados apple）
　白兰地　15毫升（½盎司）
浓缩咖啡　30毫升（1盎司）
葡萄干青苹果汁　15毫升（½盎司）
　（配方见本页）

装饰物

苹果酸、蜂蜜和跳跳糖
在史密斯青苹果切片上撒一点砂糖、
　肉桂粉，并用喷枪烤至表面砂糖变
　色

葡萄干青苹果汁

新鲜压榨的青苹果汁　400毫升（13½
　盎司）
葡萄干　80克（2¾盎司）
苹果醋　30毫升（1盎司）
柠檬汁　15毫升（½盎司）
细砂糖　200克（1杯）

葡萄干青苹果汁： 将需要的配料全部倒入灭菌的罐子里，用捣碎棒研磨葡萄干，搅拌后密封储存，直到糖分全部溶解。再用过滤袋（见42页）进行过滤，装瓶后冷藏储存，可以保鲜4周。

高脚玻璃杯： 用苹果酸、蜂蜜、跳跳糖装饰酒杯边缘，然后在鸡尾酒表面铺满碎冰。

制作鸡尾酒： 将配料倒入摇酒壶中，加入冰块后用力摇动，经过两次过滤后，倒入冰镇过的高脚玻璃杯中，最后用青苹果片在酒面上进行装饰点缀。

🫘 **咖啡**　意式浓缩咖啡。

🍾 **利口酒**　我搭配了南娜比赛时用的唐胡里奥龙舌兰酒，这款龙舌兰口感强劲，具有清爽的苹果风味，能够与咖啡、葡萄干苹果汁完美地融合到一起。

可爱的小蛋酒

这款鸡尾酒是我根据圣诞节的蛋诺酒（Egg Nog）调配而成的。斯佩塞（Speyside）威士忌与圣诞甜品百果馅饼调配在一起具有令人惊叹的美味，而佩德罗希梅内斯（Pedro Ximénez）雪莉的香辛料风味能够与其他成分完美地搭配在一起，增加了甜美的口感。对于鸡蛋，我只用散养鸡产的有机蛋，在打蛋前先将蛋壳清洗干净。打蛋后充分搅拌，使蛋清和蛋黄混合均匀。然后我介绍一下百果馅饼，可能大家不太熟悉，它是英国圣诞节时候食用的一种甜品，虽然叫馅饼，但并不含任何肉类，它的百果馅是指水果蜜饯以及由葡萄干、橙子皮、肉桂和丁香组成的香料。

配料

圣诞节百果馅威士忌（配方见本页）
　45毫升（1½盎司）
冷萃咖啡　30毫升（1盎司）
佩德罗希梅内斯雪莉酒　15毫升（½
　盎司）
搅拌均匀的全蛋液　30毫升（1盎司）
莱尔（Lyle）金黄糖浆　7.5毫升（¼
　盎司）

装饰物

熟杏仁碎
肉桂粉

圣诞节百果馅威士忌

斯佩赛单一麦芽威士忌　700毫升（23½
　盎司）
圣诞百果馅饼的馅料　200克（6¾盎司）

圣诞节百果馅威士忌：将百果馅饼的馅料加入到威士忌中，搅拌均匀后进行过滤。在55℃（130℉）真空密封的条件下，低温慢煮（见206页）1小时。慢煮结束后进行冷却，再用过滤袋过滤到瓶中（见42页）。过滤后剩下的固形物还可以用来制作带有酒香味的百果馅饼。

制作鸡尾酒：将所有的配料放到摇酒壶中，加入冰块后用力摇动，经过两次过滤后倒入冰镇过的格兰凯恩杯（Glencairn glass）中。最后撒点杏仁碎和肉桂粉做点缀。

🫘 **咖啡**　最好选择具有水果干风味的冷萃咖啡。

🍾 **利口酒**　我喜欢用口感丰富的斯佩赛单一麦芽威士忌，比如格兰菲迪（Glenfiddich）12年威士忌或苏格登达夫镇（Singleton of Dufftown）12年威士忌。

白色奶霜

白色奶霜是我在这本书中最想介绍的鸡尾酒之一。这款鸡尾酒不仅颜值出众而且非常美味，我希望能够把白色奶霜和其他咖啡鸡尾酒一起分享给全球的朋友们，激励大家设计出更多构思巧妙的鸡尾酒。

配料

萨 凯 帕 23 朗 姆 酒（Ron Zacapa
　23 run）　45 毫升（1½ 盎司）

黑可可酒　10 毫升（⅓ 盎司）

冷萃咖啡　35 毫升（1¼ 盎司）

烤奇亚籽黑莓混合糖浆（配方见本
　页）　20 毫升（⅔ 盎司）

巧克力苦精　少许

芳香味苦精　少许

装饰物

黑莓

黑巧克力薄片

可食用金箔

混合香料粉（配方见本页）

烤奇亚籽黑莓混合糖浆

奇亚籽　50 克（1¾ 盎司）

白糖　250 克（1¼ 杯）

混装黑莓　400 克（14 盎司，大约两小
　盒）

混合香料粉

香草粉　1 份

肉桂粉　1 份

生姜粉　¼ 份

肉豆蔻粉　¼ 份

烤奇亚籽黑莓混合糖浆：把奇亚籽碾碎，在烧热的平底锅上轻微烘烤。把白糖和 250 毫升（8½ 盎司）水加到锅里，煮沸。再加入混装的黑莓，并进行搅拌。煮沸后，再用小火煮 12 分钟。然后进行过滤，冷却一段时间倒入灭菌的玻璃瓶子中，冷藏储存，可以保鲜 3 周。

混合香料粉：加入不同的料粉后混合均匀。

制作鸡尾酒：在老式杯中放一个大冰块。将所有的配方放到摇酒壶中，加冰块填满，用力摇动，经过两次过滤后倒入杯中。最后在表面用香料粉、黑莓等进行点缀。

☕ 咖啡　重度烘焙咖啡豆冲泡的冷萃咖啡，口感浓郁饱满，最适合调配这款鸡尾酒。另外危地马拉的阿拉比卡咖啡也非常合适，还可以再加点我最喜欢的朗姆酒。

🍾 利口酒　萨凯帕 23 朗姆酒是这款鸡尾酒的灵魂，在经历过索莱拉（Solera）系统地熟化和陈年后，它具有浓郁、丰富而又复杂的风味。

爱尔兰花生酱

在合适的饮用时间和环境下，"爱尔兰咖啡"（威士忌和咖啡调配成的预调酒）是我最喜欢的鸡尾酒之一。遗憾的是，在气候炎热的迪拜很难找到适合饮用爱尔兰咖啡的机会，所以我设计了"冰镇版爱尔兰咖啡"，在高温天也可以开心享用。除了冰镇之外，还需要在爱尔兰威士忌中加入花生酱，增加酒体绵密的口感和浓郁的坚果风味。

配料

花生酱风味爱来兰威士忌（配方见本页） 60毫升（2盎司）

冰萃咖啡 90毫升（3盎司）

绵红糖糖浆2：1（见55页） 15毫升（½盎司）

百利甜奶油（配方见本页） 90毫升（3盎司）

装饰物

少许肉桂粉

咖啡豆

花生酱风味爱来兰威士忌

无盐100%花生酱 150克（5⅓盎司）

爱尔兰威士忌 1升（33盎司）

百利甜奶油（4份的量）

百利甜酒 60毫升（2盎司）

淡奶油 310毫升（10½盎司）

把花生酱和威士忌一起放进大的真空袋中，然后密封。在55℃（130℉）的真空条件下烹调3小时。冷却后打开袋子，用细孔网筛过滤后倒入大的玻璃罐中，然后放进冰箱。静止分层直到油脂层被完全冻住，然后用细孔过滤棉过滤，移除剩余的油脂，然后装瓶贴标。如果发现瓶中含有一点油脂也不要担心，它可以与鸡尾酒中的奶油相融合。但油脂如果太多，就需要重新过滤、冷藏，再用咖啡滤纸进行过滤。

百利甜奶油： 在淡奶油中加入百利甜酒，摇匀后，放到冰箱里储存，待使用时取出。

制作鸡尾酒： 除了百利甜奶油，把所有成分加入到摇酒壶中，用力摇动，过滤到冰镇过的岩石杯中。然后加入百利甜奶油。最后在表面用肉桂粉和咖啡豆点缀一下。

咖啡 深度烘焙的哥伦比亚咖啡豆、危地马拉咖啡豆或者巴西咖啡豆都可以用来调配威士忌。可以用7：1较低的水粉比（40～43页）冲泡或者直接用60毫升（2盎司）的高浓度咖啡和30毫升（1盎司）的水进行稀释调配。

利口酒 选择一款你喜欢的入门级别的爱尔兰威士忌。

咖啡因嘉年华

　　调配或饮用鸡尾酒都是一件非常幸福的事情，所以偶尔你也要暂时放下那些经典的规则，尽情享受鸡尾酒带来的乐趣。这款颇具创意的鸡尾酒的设计初衷是想让你体验到孩童般的快乐，而且它不仅可以饮用，也是一款可以吃的鸡尾酒。这款鸡尾酒放在锥形的肉桂味可颂甜甜圈中，并用一层黑巧克力封顶。黑巧克的涂层一直覆盖到甜甜圈的边缘并蘸有装饰糖粒。而且这款鸡尾酒中含有香草伏特加、百利甜酒、浓缩咖啡和牛奶这些能够令人沉醉的饮品，让人无法抗拒这款鸡尾酒的魅力！

配料

肉桂味可颂甜甜圈

熔化的黑巧克力

彩色糖粒

香草伏特加　45毫升（1½盎司）

百利甜酒　15毫升（½盎司）

浓缩咖啡　30毫升（1盎司）

全脂牛奶　80毫升（2¾盎司）

装饰物

香草粉

可颂甜甜圈： 向甜甜圈中倒入熔化的黑色巧克力，冷却后在甜甜圈表面形成防水的密封层，边缘处还蘸有彩色糖粒。

制作鸡尾酒： 将剩余的成分倒入摇酒壶中，摇动后过滤到可颂甜甜圈中。最后用香草粉做装饰。

🫘 **咖啡**　虽然浓缩咖啡的苦味能够平衡甜甜圈的糖分，但是标准的浓缩咖啡和冷萃咖啡都可以用来调配这款鸡尾酒。

🍾 **利口酒**　任何一款香草伏特加都可以用来调配这款鸡尾酒。

秘鲁酸酒

一提到咖啡和柠檬，你可能会认为这两种完全不同的风味，不适合调配在一起，但实际上咖啡的酸度和柠檬的酸度搭配起来口感平衡而清爽。这款鸡尾酒的灵感来自于秘鲁辛勤劳动的咖啡果农，他们把咖啡和紫玉米汁加入到秘鲁的国家级饮品皮斯科酒（Pisco）中，制成了经典的皮斯科酸鸡尾酒（Pisco Sour）。紫玉米汁是秘鲁传统的饮料，通过煮沸紫玉米、菠萝、肉桂、丁香和糖的混合液而制成。

配料

皮斯科酒　60毫升（2盎司）

紫玉米汁咖啡糖浆（配方见下面）
　22.5毫升（¾盎司）

新鲜的柠檬汁　30毫升（1盎司）

蛋清或盐渍鹰嘴豆　20毫升（⅔盎司）

装饰物

咖啡苦精和香草苦精喷雾

紫玉米汁咖啡糖浆

秘鲁凯梅克斯手冲咖啡　1升（33盎司）

水　1升（33盎司）

干的紫玉米　500克（17盎司）

成熟菠萝的菠萝皮和菠萝芯　2个

桂皮　4根

丁香　½汤匙

切成小块的史密斯青苹果　1个

砂糖　200克（1杯）

紫玉米汁咖啡糖浆：将糖浆的配料全部加入酱汁锅中，煮沸后，小火煮45分钟，然后过滤，倒入灭菌瓶中。冷藏储存，保鲜2周。

制作鸡尾酒：将所有的配料放到摇酒壶中，加冰块装满后，用力摇动，再经过两次过滤倒入冰镇过的玻璃杯中。最后用咖啡苦精和香草苦精喷雾做点缀。

☕ 咖啡　秘鲁咖啡豆似乎更加适合这款具有秘鲁风情的鸡尾酒。

🍾 利口酒　酷斑妲（Quebranta）葡萄酿制的秘鲁皮斯科酒似乎更加适合这款鸡尾酒，比如卡拉韦多皮斯科酒，具有泥土、水果干以及微妙的苦丁香的风味，与咖啡非常契合。相对而言慕斯卡托葡萄酿制的皮斯科酒，花香过于浓郁，不适合调配咖啡。

提拉米苏意式冰激凌

　　这款经典的意式甜点是由咖啡和利口酒完美搭配而成的人间美味，自 20 世纪 80 年代发明以来，就一直是调酒师的心头最爱。将意式浓缩咖啡、百利甜酒、咖啡利口酒、白兰地混合到一起，加入摇酒壶中用力摇动，再过滤到马天尼鸡尾酒杯中，最后用可可粉进行装饰。它其实是根据亚历山大白兰地鸡尾酒改良的一款非常美味的餐后酒，一定会让喝到这款鸡尾酒的客人印象深刻。我的版本与亚历山大白兰地具有相同的设计理念，但调配方法更加细化。

配料

VS 干邑白兰地　40 毫升（1⅓ 盎司）

冷萃咖啡　30 毫升（1 盎司）

百利甜酒　15 毫升（½ 盎司）

咖啡利口酒　7.5 毫升（¼ 盎司）

可可苦精　3 抖振

提拉米苏冰激凌　1 勺（见 197 页）

酒杯装饰物

可可利口酒

可可粉

配餐小食

手指饼干（非必选）

准备鸡尾酒杯： 将可可利口酒涂在飞碟杯的外壁，然后再撒上可可粉布满。

制作鸡尾酒： 挖一勺提拉米苏的冰激凌放到大的飞碟杯中。再把其余的配料放进摇酒壶里，用冰块填满后用力摇动，过滤后，倒入飞碟杯。如果你喜欢，可以搭配一块手指饼干一起享用，另外还要准备一把勺子。

咖啡　使用深度烘焙的咖啡豆，意式浓缩萃取后具有浓郁的风味，非常适合调配这款鸡尾酒。

利口酒　用 VS 干邑白兰地或者其他优质的白兰地与百利甜酒、苦精和咖啡进行调配。

热调法

　　咖啡本身作为热饮时具有更好的口感，但是除了经典的爱尔兰咖啡和百利甜咖啡，真的就没有其他热饮鸡尾酒了吗？我们都太低估热饮鸡尾酒的魅力了。一杯好的热饮鸡尾酒就像一件艺术品，令人身心舒畅，温暖而有诗意。热量使风味和香气更加浓郁，给你更加丰富饱满的口感，但温度的精准是非常重要的。温度过高会导致配料成分过度蒸煮，风味变得寡淡，饮用时还有可能烫伤嘴唇。温度过低，鸡尾酒中的风味和香气不能完全释放，口感变淡，酒体滑过喉咙时，也失去了那份舒适而暖心的温热触感。

调酒师小窍门

· 开始调酒之前，需要把所有要用的器具用热水进行预热。

· 积极探索新的加热方式，除了加入热水，还可以尝试用燃器炉加热平底锅，使用加热棒、蒸汽棒以及燃烧加热的方式。

· 安全守则：

　　请小心用火！先用冷水练习倒水。左右手各拿一个水壶举到齐肩的位置，倒水时，放低位置，连续倾倒。如果能够熟练操作，再尝试用热水。当你准备使用明火时，你需要在一个空旷的地方，不会被其他同事干扰，如果不小心洒出了燃烧的酒精液体，也要确保不会烧到身边的易燃物。水壶中的水不能太凉，而且不要一次倒完，水量过多会导致火焰提前熄灭。

　　强烈的气流或者空调可能会引起安全事故。在身边放一块湿的茶巾或者湿毛巾，可以用来扑灭火焰或者在烫伤时进行冷敷处理。

爱尔兰咖啡

1852 年，位于旧金山的布埃纳维斯塔咖啡馆（Buena Vista Cafe）在美国首次推出了爱尔兰咖啡。据说，一位名叫斯坦顿·德拉普兰（Stanton Delaplane）的旅行作家在爱尔兰的香农机场时曾经喝过爱尔兰咖啡。当他回到美国，就与布埃纳维斯塔咖啡馆合作共同调配了这款鸡尾酒。为了让冰激凌能够浮在鸡尾酒上，他们尝试了所有可能的方法，最终发现加糖是关键因素。斯坦顿还经常在他的旅行专栏里宣传推广爱尔兰咖啡。后来，布埃纳维斯塔咖啡馆的爱尔兰咖啡每天供不应求，为了满足慕名而来的游客，又研发了另外一种特殊风格的爱尔兰咖啡，据说自从上市之后，已经销售了 3000 多万份。但是几十年来，爱尔兰咖啡在其他地方一直不受关注，直到纽约的死兔子帮酒吧（The Dead Rabbit Grog）用他们精湛的技艺，以及私人订制的酒杯将爱尔兰咖啡又重新带回我们的视线，创造了众人心中的"全球最佳爱尔兰咖啡"。

配料

白糖 1 茶勺或者方糖 1 块

爱尔兰威士忌　45 毫升（1½ 盎司）

热的浓缩咖啡（美式）　150 毫升（5 盎司）

浓奶油 / 双倍奶油　75 毫升（2½ 盎司）

装饰物

肉豆蔻粉（许多人在调配爱尔兰咖啡时并不添加肉豆蔻粉，但是我非常喜欢它复杂的风味和香气）

先对高脚杯进行预热，然后在高脚杯中进行调配，先加入咖啡、威士忌和糖，待糖分全部溶解后再加入奶油。奶油需要进行打发，打发到质地变得黏稠但仍然可以流动的状态。最后，根据喜好撒点肉豆蔻粉进行装饰。

🫘 **咖啡**　一般而言，任何传统的过滤式咖啡或者浓缩咖啡都可以，但是咖啡的品质越高，最终的口感也会越好。

🍾 **利口酒**　布埃纳维斯塔咖啡馆用的是图拉多威士忌，我个人非常喜欢，但是如果用优质的爱尔兰威士忌，最终的口感会更好。

肯塔基咖啡

　　这些年来，我在不断的调整肯塔基咖啡鸡尾酒热饮的配方成分。它一直是我最喜欢的饮品之一，而且在很多我以前工作过的酒吧里，一到冬天，这款鸡尾酒就成了最受欢迎的宠儿。那时，我一有时间就会溜到吧台后面给自己调一杯，因为它的配料常见，在任何一家好的酒吧里都容易找到，而且制作简单。在酒吧里，我的客人经常会把它当作浓缩马天尼，但其实我是在爱尔兰咖啡的基础上做了简单的调整，让它更加美味。

配料

波本　40毫升（1⅓盎司）

黑可可利口酒　10毫升（⅓盎司）

浓缩咖啡　35毫升（1¼盎司）

枫糖浆　10毫升（⅓盎司）

少许可可苦精

糖果奶油（配方见下面）　90毫升（3盎司）

装饰物

一块黑巧克力

肉桂粉

糖果奶油（3人份）

淡奶油　270毫升（9盎司）

奶油糖果利口酒　15毫升（½盎司）

　　糖果奶油：将奶油加到挤压瓶中，再加入奶油糖果利口酒。摇匀后液体更加黏稠。

　　装饰鸡尾酒杯：取一块黑巧克力，背面靠近打火机的火焰，待巧克力稍微软化后，用力压在马天尼鸡尾酒杯的杯沿上，放置一旁待用。

　　鸡尾酒的制备：将余下的成分放到波士顿玻璃杯中，利用咖啡机的蒸汽棒进行加热，快接近沸点时停止。然后倒入室温下的马天尼鸡尾酒杯中。向上层加入糖果奶油，最后再撒点肉桂粉进行点缀装饰。

　　☕ **咖啡**　特浓咖啡即可。

　　🍾 **利口酒**　我个人最喜欢布莱特波本威士忌，它含有很高的黑麦含量，具有香辛料和坚果的风味，非常适合与枫糖浆、咖啡和可可一起调配。

姜汁饼干拿铁

　　这款鸡尾酒是专门为一个朋友设计的，希望他在宁静的夜晚，用家中的雀巢咖啡机为自己调配一杯家庭版的美味热饮。当然，调配时也可以使用经典的浓缩咖啡机和蒸汽棒。我非常推荐燕麦牛奶，它的风味能够和生姜、香料、威士忌完美地结合在一起。当然你也可以根据冰箱里已有的食物进行选择，比如杏仁、腰果、大豆或者牛奶都适合用来调配这款鸡尾酒。

配料

威士忌　45毫升（1½盎司）

金黄糖浆　10毫升（⅓盎司）

燕麦牛奶　120毫升（4盎司）

干姜粉　½茶勺

雀巢咖啡　1份浓缩咖啡的量

肉桂粉　少许

装饰物

姜汁饼干屑和几片姜汁饼干（非必选）

　　除了咖啡，将其他成分加入到奶沫机中，然后打开加热开关。在奶沫机加热时，你可以制备浓缩咖啡然后倒入咖啡杯中。建议选用广口玻璃杯，这样你就可以把饼干放入鸡尾酒中边蘸边吃。

　　牛奶加热后，把它倒入到咖啡里。最后撒一点姜汁饼干碎屑做装饰，你也可以根据喜好搭配几片姜汁饼干一起享用。

　　咖啡　你可以使用任何品牌的咖啡胶囊，但是我比较推荐口味清淡的莉梵朵（Livanto）咖啡胶囊或者卡碧奇欧（Capriccio）咖啡胶囊。姜汁饼干拿铁是为我的朋友专门设计的，但他喜欢用不同风味的咖啡胶囊，有时甚至会选用低咖啡因的咖啡品种。

　　利口酒　苏格兰混合威士忌最适合用来调配这款鸡尾酒。

教父阿芙佳朵

意大利人一般会正餐结束后再喝一杯甜美的咖啡或利口酒作为完美过渡，连教父本人都对这种讲究的用餐礼仪感到骄傲。这款鸡尾酒不仅美味而且很容易调配，它应该成为所有晚宴菜单上招待客人的必选酒款。

配料

沙巴翁冰激凌（意大利蛋清和玛莎拉葡萄酒冰激凌，也可以用香草豆或者类似的材料替代）　1 勺

尊尼获加金牌珍藏威士忌　30 毫升（1 盎司）

杏仁利口酒　15 毫升（½ 盎司）

浓缩咖啡　30 毫升（1 盎司）

装饰物

饼干碎

肉桂粉

装饰酒杯：挖一勺意大利冰激凌放在球形的白兰地酒杯或咖啡杯中。

制备鸡尾酒：将剩余的配料放到奈斯派索奶泡机（Nespresso Aeroccino）中，打开加热开关后搅拌均匀，或者使用浓缩咖啡机里的蒸汽棒加热搅拌。加热后的液体浇到意大利冰激凌上。最后再撒点饼干碎或者肉桂粉做装饰。

咖啡　可以选择浓缩咖啡。低咖啡因的品种适合在深夜时饮用。

利口酒　尊尼获加金牌威士忌口感丝滑而甜美，非常适合搭配优质的杏仁甜酒。

B52轰炸机

轰炸机（加里亚诺利口酒、热咖啡和淡奶油）是 20 世纪 90 年代滑雪场中非常受欢迎的舒特类（shooter）鸡尾酒。2007 年，当我在皇后镇（新西兰的一个滑雪小镇）工作的时候，又对轰炸机的配方做了些改动。新的配方把轰炸机和 B52 这两款鸡尾酒结合到一起——传递出美味而又温暖的味道！

配料

百利甜酒　15毫升（½盎司）
柑曼怡利口酒　10毫升（⅓盎司）
现制的热浓缩咖啡　15毫升（½盎司）
VS 干邑白兰地　5毫升（约 1 酒吧匙）

百利甜酒要先加入到玻璃杯中，这样在入口后会有细腻丝滑的口感。然后再加入柑曼怡利口酒和咖啡，调配均匀，最后倒入干邑白兰地。

咖啡　可以选择浓缩咖啡。我一般一次只会调配两杯鸡尾酒，这样就可以把浓缩咖啡均分到两杯中。但是，有时在家里举办聚会的时候，也会用法压壶或炉上式摩卡壶萃取咖啡。

利口酒　干邑白兰地能够赋予酒体较高的酒精度和浓郁的风味。当然，也可以选择金朗姆酒和波本威士忌。

威士忌手冲

使用手冲咖啡壶，比如 V60 滤杯或者凯梅克斯咖啡壶，能够温和地萃取出咖啡中微妙的风味物质，完美地展现单一产地来源咖啡豆的独特风味。虽然这不是最理想的萃取方式，但是它的用途非常广泛。下面介绍一下用 V60 咖啡壶冲泡的咖啡和烈酒威士忌的调配。用 V60 咖啡壶泡咖啡时，我从来不加糖，加入烈酒后，既能增添糖分的甜美又能使咖啡具有更加圆润平衡的口感。最终调配出一款风味浓郁复杂而又美味的鸡尾酒热饮。有一点需要注意，倒入威士忌时如果经过滤纸过滤，会损失掉一些风味。

配料

现磨单一源产地咖啡粉　15 克（½ 盎司）

威士忌　90 毫升（3 盎司）

枫糖浆　22.5 毫升（¾ 盎司）

热水　250 毫升（8½ 盎司）（95℃ / 203 ℉）

装饰物

一块点燃的橙皮

煮一壶开水，通过过滤器倒入下面的玻璃壶中，用来润湿滤纸和预热玻璃壶。每个杯子中也加点热水进行预热，然后把玻璃壶中的水倒掉。

将现磨的咖啡粉倒入过滤器中。威士忌和枫糖浆直接加入到玻璃壶中，然后移到过滤器下面。将水以打圈的形式缓慢地倒入过滤器中，等它完全滴到下面的玻璃壶中再倒下一轮。倒掉杯子中的温水，加入用玻璃壶调配均匀的鸡尾酒。最后用橙皮装饰。

🍃 **咖啡**　选择一种你最喜欢的单一源产地咖啡，然后搭配深色烈酒尝试一下吧。

🍾 **利口酒**　我喜欢用美国威士忌来调配咖啡，我尝试过很多种选择，最终选择了美格 46（Maker's 46）波本威士忌。

荷兰咖啡

这款简单而有趣的爱尔兰咖啡演绎版鸡尾酒，使用了荷兰风味的陈年金酒、荷兰香料饼干利口酒、荷兰风格的冰滴咖啡，以及曾经被著名的荷兰东印度公司视为比黄金更有价值的肉豆蔻。

配料

陈年金酒　45毫升（1½盎司）

荷兰香料饼干利口酒　15毫升（½盎司）

冰滴咖啡　60毫升（2盎司）

可可苦精　少许

糖果奶油　60毫升（2盎司）（见96页）

装饰物

黑巧克力碎和肉豆蔻碎

荷兰松饼

装饰酒杯： 用热水对带柄的玻璃杯进行预热，把荷兰松饼放在杯沿上，这样挥发的热饮蒸汽会使它更加柔软。

制备鸡尾酒： 除了糖果奶油，将所有的成分放入波士顿杯中，然后用咖啡机的蒸汽棒进行加热，直到沸腾。

侍酒服务： 倒掉玻璃杯中的水，倒入鸡尾酒。酒液表面铺一层糖果奶油，并撒点巧克力和肉豆蔻碎做装饰。把荷兰松饼放到杯沿上，借助蒸汽软化，然后放入杯中浸一浸，呷一口，享受眼前的美味吧！

咖啡　我比较推荐使用中等烘焙的咖啡豆，萃取后具有浓郁的大麦、谷物和坚果的风味。印度尼西亚波本（Bourbon）咖啡豆是我喜欢使用的咖啡品种。

利口酒　陈年的金酒具有浓郁的大麦和泥土的气息，与咖啡和香料的风味非常匹配。在荷兰，还可以搭配上诱人的荷兰香料饼干利口酒；如果你身边找不到这些，也可以用肉桂利口酒或者糖浆代替。

墨西哥摩卡

这款经典爱尔兰咖啡的改良版源于我在墨西哥瓦哈卡的一次旅行，那里是龙舌兰的故乡，而且还有许多关于巧克力的奇妙而传统的用法。瓦哈卡以莫莱（mole，美味的调味酱）而闻名，其中包含可可和香料的黑莫莱（mole negro）名气最大。可能很多人不知道，当地还有另外一种令人称奇的特产——哈瓦卡的液体巧克力（见下一页图片）。在小镇的市场上，商店里会将烘焙的可可磨成粉，然后与糖和香料混合，做成块状的巧克力，瓦哈卡搅棒也被称为莫利尼罗（molinillo）能将其碾碎，用热水、凉水或者牛奶调配，可以制作出具有香料风味的巧克力饮品。

配料

金龙龙舌兰　40毫升（1⅓盎司）

龙舌兰　5毫升（1调酒匙）

加香咖啡利口酒　15毫升（½盎司）

龙舌兰糖浆　5毫升（1调酒匙）

瓦哈卡半苦杏仁肉桂香料巧克力　2块（或者可可粉）

开水　90毫升（3盎司）

香草奶油　60毫升（3盎司）［将5毫升（1调酒匙）香草精油加入到100毫升（3¼盎司）的奶油中］

装饰物

巧克力刨花

装饰酒杯： 用热水预热带柄玻璃杯和调配用的玻璃杯，然后把水倒掉。

制备鸡尾酒： 除了开水和香草奶油，其他配料全部加到调配用的玻璃杯中。用莫利尼罗将巧克力碾碎，不断搅拌直到巧克力完全溶解。加入热水，快速搅拌后倒入预热的咖啡杯中，上面再加一层奶油。最后用黑巧克力刨花点缀。

☕ **咖啡**　咖啡利口酒是用家庭配方调制的（186～187页），用1800银龙舌兰酒作为基酒，然后加入了香草、辣椒粉、龙舌兰糖浆和单一源产地的墨西哥冷萃咖啡共同调配而成。或者，你也可以直接购买某品牌的优质咖啡利口酒，比如布莱克先生咖啡利口酒（Mr Black）或者快客棕狐狸咖啡利口酒（Quick Brown Fox），然后再加点香料。

🍾 **利口酒**　优质的龙舌兰和烟熏味的手工梅斯卡尔酒（mezcal）是最重要的成分。龙舌兰最好选择富有香草、橙子风味的，比如1800金龙舌兰。烟熏味的梅斯卡尔酒可以选择德尔马盖维达（Del Maguey Vida）或者马卡内阁拉梅斯卡尔酒（Marca Negra Espadin）。

篝火摩卡

　　这款在炉边饮用的热巧克力，是我在树林里研究了一整天才设计出的篝火酒款。我一般会预先准备2份或者更多配料放到瓶中，因为这款美味的鸡尾酒适合在篝火旁与朋友一起饮用。当然，如果你是在舒适的厨房或者酒吧里，可以使用咖啡机蒸汽棒进行加热和搅拌，但我可以肯定如果眼中有烟雾缭绕的篝火，胳膊上有嗡嗡叮咬的蚊子，此时喝到的鸡尾酒才是最美味的。

配料（2份的量）

热牛奶　400毫升（13½盎司）

加拿大威士忌　90毫升（3盎司）

无糖黑巧克力粉或者可可粉　2汤匙

枫糖浆　30毫升（1盎司）

冷萃咖啡　80毫升（2¾盎司）

装饰物/配餐

加大版烤棉花糖

把所有的配料加入到瓶子里，摇匀倒入酱汁锅中加热（不要烧干）。加热后，用叉子搅拌均匀倒入露营马克杯中。饮用时，最好搭配一块加大版的烤棉花糖。

🫘 **咖啡**　我会选用冷萃咖啡，在露营时可以放到酒壶中携带，非常方便。此外咖啡机或者炉上式摩卡壶也是很好的选择。

🍶 **利口酒**　皇冠威士忌或者加拿大威士忌风味清爽，非常适合搭配咖啡和巧克力。

舌尖上的阿拉伯

冷萃咖啡起源于 15 世纪阿拉伯湾南部的也门。当地的阿拉伯人发现，咖啡可以帮助他们一整天都保持充沛的精力。他们发明的冷萃萃取法很快就流传到了中东地区并沿用至今。冷萃咖啡有很多不同的风格，但是阿拉伯人依然喜欢最原始的风味——浓郁、苦涩、不加糖、不过滤，而是加点小豆蔻、甜果干，尤其是干枣进行搭配。在迪拜生活久了，我也渐渐爱上了这种传统的咖啡风格。这款鸡尾酒就使用了传统的方式，但同时也赋予了更多的阿拉伯特色风味。

配料（4 份的量）

烤松子风味伏特加（配方见本页） 200 毫升（6¾ 盎司）

亚力酒（arak） 10 毫升（⅓ 盎司）

真谛牌苦精（浓郁的丁香味） 2 抖振

枣糖浆 60 毫升（2 盎司）

阿拉伯咖啡 300 毫升（10 盎司）

豆蔻籽，碾碎 4 颗

阿拉伯奶油（配方见本页）

烤松子风味伏特加

伏特加 1 升（33 盎司）

松子碎，轻度烘焙 200 克（7 盎司）

阿拉伯奶油

淡奶油 100 毫升（3¼ 盎司）

橙花水 2 滴

藏红花丝 4 根

配餐

水果干

烤松子风味伏特加： 把松子放到伏特加中，浸泡 24 小时，然后再用过滤袋或者棉布过滤。

阿拉伯奶油： 将淡奶油、橙花水、藏红花丝调配在一起，融合 2 小时。

制作鸡尾酒： 将前 4 种成分加入到杜拉（dallah，阿拉伯咖啡壶）中，然后就可以放置一旁去冲泡咖啡了。

制作咖啡： 向锅中倒入 360 毫升（12 盎司）水，放入炉灶上进行加热。加入研磨碎的豆蔻籽，50 克（1¾ 盎司）深度烘焙的也门阿拉比卡咖啡细粉或者埃塞俄比亚阿拉比卡咖啡细粉。搅拌均匀后，用中火加热。煮沸时把锅移开，进行搅拌，然后再重复两次同样的操作。静置一分钟后倒入杜拉中（不用过滤），将沉淀物留在锅底。

用力搅拌，混合均匀后倒入小茶杯中，然后向茶杯中加入一层奶油。饮用时，可以搭配果干一起享用。

🫘 **咖啡** 深度烘焙的也门阿拉比卡咖啡豆或者埃塞俄比亚阿拉比卡咖啡豆。

🍾 **利口酒** 选择一种你喜欢的伏特加浸泡松子。亚力酒是一种传统的中东烈酒，具有茴香籽的风味。

皇家咖啡

使用漂亮的皇家比利时平衡式虹吸壶（Royal Belgian Balance syphon），能够与顾客进行戏剧化的互动，尤其是在餐桌上冲泡咖啡的时候。繁忙的酒吧里使用虹吸壶不太方便，但在某些合适的场合下，用虹吸壶冲泡咖啡可以成为一种特色的服务方式。这款饮品口感丝滑而温热，在冬天寒冷的夜晚里，非常适合与三两好友一起享用。

配料

陈年的朗姆酒　90毫升（3盎司）

干的橙子片　2片

干无花果，切成小片　1颗

菠萝干　1块

新鲜姜片　1片

甘草根　2.5厘米（1英尺）

现磨的咖啡粉　16克（½盎司）

水　210毫升（7盎司）

蜂蜜糖浆（蜂蜜和水按照2：1混合）
　30毫升（1盎司）

装饰物

干的橙子片　½片

甘草根

把朗姆酒、水果、姜片、甘草和咖啡加入到虹吸壶的冲煮杯中。水和蜂蜜糖浆加入到金属水箱中。

点燃火焰，蜂蜜水煮沸，转移到冲煮杯中。待冲煮杯中沸腾冒泡，15秒后熄灭火焰，所有的液体重新转移回金属水箱中，将水果和香料的沉淀物留下。

倒入带柄的玻璃杯中。最后用干的橙子片和甘草根进行装饰。

🫘 **咖啡**　使用中等研磨粒度的咖啡粉，类似于用凯梅克斯咖啡壶冲泡时使用的那种。另外咖啡豆的风味需要与橙子的风味相配，比如蜜处理法制得的尼加拉瓜咖啡豆。

🍾 **利口酒**　我喜欢中等酒体的金朗姆酒，比如奇峰日食（Mount Gay Eclipse）、马图萨朗姆经典（Matusalem Clásico）、百加得8号（Bacardi 8）或者萨凯帕琥珀色朗姆（Ron Zacapa Ámbar）。

火焰咖啡

　　火焰咖啡也被称为是"旺盛燃烧的咖啡"，正如通常所认为的，这款传统的热咖啡是在餐后饮用的。在新奥尔良，阿托万餐厅老板的儿子朱尔斯·尔恰托雷里发明了这款鸡尾酒。直到今天，餐厅仍然每天提供火焰咖啡。这是一场非常精彩的表演，调酒师把鸡尾酒放在一个锅里端上来，点燃燃料，然后把正在燃烧的液体燃料倒在螺旋的长橙子皮上，并加入丁香调香。燃烧时，橙皮中的精油发生焦糖反应同时对丁香进行烘烤，产生了迷人香气，弥漫在屋子里的每一个角落和鸡尾酒中。这项操作技术难度较高，而且还有危险的易燃液体，所以最好交给专业人士。如果你也想尝试，建议你在酒吧或者家里找一个安全的地方，身边准备一块湿茶巾或者湿毛巾，如果发生意外，可以用来扑灭漏火或者冷敷烫伤的手指。

配料

白兰地　200 毫升（6¾ 盎司）

法压壶咖啡　400 毫升（13½ 盎司）

柑香酒　125 毫升（4¼ 盎司）

糖　3 汤匙

柠檬皮　1 条

桂皮　1 根

1 个橙子削下的完整螺旋状果皮，上面
　插 8～10 个丁香

装饰物

插着丁香的橙子皮

　　除了咖啡和橙子皮，将其他配料倒入锅中，然后开始加热。用长柄匙进行搅拌，将糖全部溶解。达到一定的温度后，液体就会燃烧。

　　当锅内液体燃烧时，用长柄叉或者镊子夹着橙子皮悬在液体上方。用汤勺捞起燃烧的液体，淋在橙子皮上，重复 5 次淋皮，通过燃烧的火焰烘烤丁香，使橙皮中的精油发生焦糖反应。把橙皮放进燃烧的液体中。

　　倒入热咖啡，浇灭火焰。用长勺将调配好的鸡尾酒倒入小咖啡杯或者坚实的带柄玻璃杯中。最后，用插着丁香的橙子皮进行装饰。

　　咖啡　饱满浓郁的法压壶咖啡或者过滤的冷萃咖啡都非常适合调配这款鸡尾酒。

　　利口酒　建议使用中等价位的白兰地或者干邑。如果你没有柑香酒，可以用君度或者柑曼怡代替。

墨西哥火焰

1862 年，传奇调酒师杰里·托马（Jerry Thomas）在史上第一本鸡尾酒书籍《调酒师指南》中首次介绍了经典的蓝色火焰鸡尾酒的制作工艺，书中首次汇总了花式调酒的技巧。杰里·托马在两个金属杯之间不断提拉燃烧的鸡尾酒，吸引了很多顾客围观，这个经典的瞬间被照片记录了下来。坦白地说，这款鸡尾酒并没有十分美味，但是它稍微调整后就可以创造出不同的风味。本篇的配方主要是墨西哥风味（也可以加入一小块黄油或者马斯卡彭奶酪，调成混合口味，有点像热奶油朗姆鸡尾酒）。火焰是很难掌控的，从某种程度上说，这是一款非常危险的鸡尾酒，请仔细阅读下面的安全注意事项。如果操作规范、安全，这款鸡尾酒就是绚丽而美味的冬日热饮。

配料

死亡之日陈酿龙舌兰　60 毫升（2 盎司）

君度力娇酒　10 毫升（⅓ 盎司）

开水　20 毫升（⅔ 盎司）

龙舌兰糖浆　10 毫升（⅓ 盎司）

浓缩咖啡　30 毫升（1 盎司）

黑核桃苦精　少许

香料粉　少许

装饰物

橙子皮

桂皮

安全注意事项

在制作这款鸡尾酒之前，请仔细阅读 93 页的安全守则

用热水预热两个金属牛奶壶和带柄玻璃杯。倒出其中一个金属壶里的水，然后加入龙舌兰和君度力娇酒。再倒出另一个金属壶中的水，但保留 20 毫升（⅔ 盎司），然后再加入龙舌兰、浓缩咖啡和苦精。

用喷灯加热其中一个金属壶，直到其中的液体被点着，开始燃烧。缓慢而连续地倒出燃烧的液体，将 80% 的液体转移到第二个金属壶中。然后再将第二个壶中液体的 90% 再倒回原来的金属壶中，重复进行两次，最后一次将所有的液体倒入一个金属壶中。

加入少许香料粉，然后将空置的那个金属壶倒扣在盛有燃烧液体的金属壶上，隔绝空气，熄灭火焰。

倒出玻璃杯的水，加入鸡尾酒。最后，用橙子皮和桂皮进行点缀装饰。

🫘 **咖啡**　选择浓缩咖啡即可。

🍾 **利口酒**　死亡之日陈酿龙舌兰酒精度为 52%，不仅可以助燃，而且可以调和酒体。君度力娇酒是它的最佳搭档。另外，你还可以用高酒精度的波本和枫糖浆，或者朗姆和金黄色糖浆进行替代。

兑和法

　　使用兑和法的鸡尾酒，每次调配时将配料依次加入杯子中，一般还需要搅拌，把所有的成分混合均匀。当加入咖啡时，因为液层之间的碰撞和视觉对比，呈现出非常漂亮的造型。

调酒师小窍门

· 当用兑和法调配冷饮时，咖啡必须是室温或者低温的，否则咖啡温度过高，会导致冰块融化，水分增加以至于饮品被稀释。

· 如果你想握住杯子，可以用拇指和其他手指拿着杯底，既能够避免将手的温度传递给杯身，也能防止手上的油脂留到杯壁上。

· 当你混合配料时，要对玻璃杯进行预冷或预热处理。

· 当配料成分分层时，密度大或者较甜的配料落在底部，密度小、酒精度高的配料在上层。

· 搅拌鸡尾酒时，拿着汤匙或者搅拌棒来回反复用力搅动，直到混合均匀。如果温和搅拌，就达不到稀释的效果了。

黑/白俄罗斯

　　这两款鸡尾酒具有简单而相似的配料，所以我就把他们放到一起介绍。从本质上来说，白俄罗斯鸡尾酒是在黑俄罗斯鸡尾酒的基础上进行的改良。这两款鸡尾酒是以他们的外观颜色以及伏特加与俄罗斯的相关性进行命名的，尤其是苏联红伏特加和斯米诺伏特加。1949 年，在布鲁塞尔的大都会酒店，比利时调酒师居斯塔夫·托普斯（Gustave Tops）通过简单的操作，把咖啡利口酒加入到含冰块的伏特加中，就创造出了这款黑俄罗斯鸡尾酒。现在，有些人会在最后加入一层可乐，但是调配出的鸡尾酒口感太过甜腻。关于白俄罗斯鸡尾酒的创造时间、来源和发明者却无人知晓。1965 年 3 月 21 日，白俄罗斯鸡尾酒第一次出现在纸质刊物上，当时《波士顿环球报》上刊登了一则咖啡利口酒 "南方咖啡"（现在已经没有这个品牌了）的广告，上面出现了白俄罗斯鸡尾酒。随后，它迅速成为了 70 年代和 80 年代的潮流饮品，1998 年电影《谋杀绿脚趾》上映，其中杰夫·布利斯（Jeff Bridges）扮演的主人公 "督爷" 声称最爱的鸡尾酒就是白俄罗斯，于是又重新开启了白俄罗斯鸡尾酒的流行风。白俄罗斯鸡尾酒最简单的做法就是在黑俄罗斯鸡尾酒的基础上加入牛奶或半牛奶半奶油，许多人还是喜欢把兑和的白俄罗斯鸡尾酒再摇动一下，混和均匀，但是我觉得兑和法的简单方便，正是这款白俄罗斯的魅力之一。

配料
伏特加　40 毫升（1⅓ 盎司）
咖啡利口酒　20 毫升（⅔ 盎司）
奶油 / 奶　45 毫升（1½ 盎司）

装饰物
肉豆蔻（非必选）

　　在岩石杯中装满冰块。把配料加到冰块上，搅拌。根据喜好，可以加点肉豆蔻装饰。

　　☕ **咖啡**　咖啡利口酒可以选择甘露咖啡力娇酒或者添万利咖啡力娇酒。如果想要更高品质的咖啡利口酒，可以用黑先生（Mr Black）或者快客棕狐狸。当然，你也可以按照自己的喜好进行选择。

　　🍾 **利口酒**　选择一款你最喜欢的优质伏特加。

咖啡汤力水

2016 年咖啡汤力水刚出现的时候备受争议，但它也为饮料行业的发展提供了新的方向。意想不到的搭配却给风味带来了美妙的变化。用冷萃或者冰滴萃取的咖啡比浓缩咖啡的苦味更低。加入的汤力水也能带来类似的苦涩味道，再加上气泡的刺口感使风味更加清爽。瞧，这就是夏日的消暑圣器，清爽而美味！

配料

添加利 10 号金酒（Tanqueray 10 gin） 45 毫升（1½ 盎司）

冷萃咖啡 60 毫升（2 盎司）

优质汤力水 120 毫升（4 盎司）

装饰物

柚子皮

先用冰块装满高球杯（highball glass），再向冰块中加入配料，然后搅拌。最后用柚子皮进行装饰。

🫘 **咖啡** 我喜欢用轻度烘焙的埃塞俄比亚咖啡豆，然后萃取冷萃咖啡。当然你也可以根据喜好，尝试不同烘焙度的咖啡豆。

🍾 **利口酒** 添加利 10 号金酒是以柑橘类风味为主的金酒，有新鲜的橙子、柠檬、柚子、橘子等风味，因此与汤力水非常搭配，而且能够平衡咖啡复杂的风味。

可可咖啡

　　这款制作简单而美味的鸡尾酒是白俄罗斯鸡尾酒的改良版，用可可牛奶和奶油的混合物替代牛奶，优质的冷萃咖啡替代咖啡利口酒。少许的龙舌兰糖浆增加了甜美的风味。我经常在家中调配这款饮品，已经记不清在写这本书期间喝过多少杯可可咖啡鸡尾酒了！

配料

伏特加　45 毫升（1½ 盎司）
冷萃咖啡　60 毫升（2 盎司）
龙舌兰糖浆　10 毫升（⅓ 盎司）
半牛奶半奶油椰汁（制作方法见本
　页）　45 毫升（1½ 盎司）

装饰物

烤椰子片
少许多香果

半牛奶半奶油椰汁

罐装椰子奶油　400 毫升（14 盎司）
罐装椰奶　400 毫升（14 盎司）

半牛奶半奶油椰汁：将一罐椰子奶油和一罐椰奶混合，装瓶后冷藏。罐装的椰子制品有很长的保鲜期，所以我经常制做半牛奶半奶油椰汁，本品还可以加到浓缩咖啡或者早餐麦片中食用。

鸡尾酒的制作：先在杯子中装满冰，然后加入配料，搅拌。最后撒点椰子片或者多香果做装饰。

🫘 **咖啡**　我喜欢用深度烘焙的巴西咖啡豆或者墨西哥咖啡豆制作冷萃咖啡。

🍾 **利口酒**　选择一种你最喜欢的优质伏特加。

香橙咖啡

这款简单的咖啡冷饮，与冷萃咖啡相比具有更多的风味和乐趣，现在已经成为我在炎炎夏日中周末下午茶的固定搭配了。

配料

干邑白兰地　35 毫升（1¼ 盎司）

班尼迪克利口酒　5 毫升（1 调酒匙）

冷萃咖啡　60 毫升（2 盎司）

蜂蜜糖浆　5 毫升（1 调酒匙）

橙味苦精　少许

橙子　2 块

装饰物

橙子圆切片

桂皮

先在高球杯中装满碎冰，然后加入配料，搅拌混匀。最后再加一片橙子圆切片和桂皮做点缀。

☕ **咖啡**　根据喜好，选择一种冷萃或者冰滴咖啡，类型随心挑，你绝对不会出错的！

🍾 **利口酒**　干邑白兰地不仅品质优秀，价格亲民，比 VSOP 白兰地和 XO 白兰地的价格便宜，而且浓郁的风味和口感非常适合搭配咖啡和橙子。班尼迪克利口酒能够增添药草的风味，但它并不是必需的配料，你可以根据自己的情况来决定是否添加。

咖啡球

我希望在家里也能喝到好玩又有趣的饮品，于是就设计了这款制作非常简单的咖啡球。提前制备好咖啡风味的球形冰块，然后把它加入到自己喜欢的一款烈酒中。随着冰块的融化，风味变得复杂而美味，温度降低后又增添了诱人的咖啡和香料风味。

配料

烈酒　60 毫升（2 盎司）

香料咖啡冰球（见 188 页）

装饰物

橙子皮

加入 60 毫升的烈酒（根据你的喜好选择）到球形大白兰地酒杯中，然后再加入提前制备好的香料咖啡冰球，最后再加点橙皮做装饰。

🫘 **咖啡**　选择一种你最喜欢的冷萃或者冰滴咖啡，加入香草、肉桂等香料，然后制成球形的冰块。

🍾 **利口酒**　优质的干邑白兰地、朗姆、龙舌兰、威士忌都非常适合搭配香辛料风味的咖啡冰球。利口酒的选择也有很多，比如君度、柑曼怡、杜林标、格雷瓦威、希琳樱桃酒等都非常适合，它们赋予了鸡尾酒甜美的风味。

雪顶波本咖啡

 不论是马天尼重度嗜饮者还是最计较饮食中卡路里的人，雪顶冰淇淋和苏打泡沫都能唤起你童年最美好的回忆。加入了咖啡和利口酒后，它就有更多值得细细品味的理由了，这种味道，正如喝完后你脸上的笑容一样美好。饮品表面漂浮的泡沫很容易制备，将利口酒和苏打水调配在一起就可以产生。比如胡椒博士（Dr Pepper）或者自制的香辛料风味的咖啡苏打汽水（见189页），但气泡同时也会加快身体对热量和糖分的摄取，成为瘦身的终结者。

配料

波本威士忌　45毫升（1½ 盎司）

冷萃咖啡　45毫升（1½ 盎司）

黑可可利口酒　15毫升（½ 盎司）

枫糖浆　15毫升（½ 盎司）

菲氏兄弟黑核桃苦精　2抖振

枫糖核桃冰淇淋　1大勺

可乐　60毫升（2盎司）

装饰物

美洲山核桃或者核桃

肉桂

 先将前5种配料加到啤酒杯中，搅拌，然后小心地加入冰淇淋，上再淋一圈可乐。最后加点山核桃或者核桃、肉桂进行装饰。

 咖啡　最好选择低酸、深度烘焙的咖啡豆萃取的冷萃咖啡。

 利口酒　波本或者燕麦威士忌都可以，这是一款简单有趣的饮品，挑选烈酒的时候不用太复杂、讲究。简单的才是美味的！

白俄罗斯肉桂面包脆片

　　这款鸡尾酒在经典白俄罗斯鸡尾酒的基础上，增加了半牛奶半奶油浸泡的麦片，因此赋予了这款酒更多的乐趣和风味。肉桂味的麦片不仅仅增加了香甜的口感，也增添了谷物小麦的特殊风味。

配料

香草味伏特加　30 毫升（1 盎司）

咖啡利口酒　30 毫升（1 盎司）

半牛奶半奶油浸泡麦片（制作方法见
本页）　90 毫升（3 盎司）

装饰物

肉桂味烘烤脆麦片

半牛奶半奶油浸泡麦片

牛奶　60 毫升（2 盎司）

奶油　60 毫升（2 盎司）

肉桂味烘烤脆麦片　100 克（3¼ 盎司）

半牛奶半奶油浸泡麦片：倒入牛奶、奶油和麦片，搅拌均匀，浸泡 15 分钟。将麦片过滤掉。

　　鸡尾酒的制作：岩石杯中装满冰块，加入配料，搅拌均匀，最后撒点麦片做点缀。

🫘 **咖啡**　选择一种咖啡利口酒或者用 30 毫升冷萃咖啡搭配 15 毫升糖浆。

🍾 **利口酒**　我用的是自制香草伏特加，当然你也可以选择自己喜欢的品牌。

田纳西茱莉普

这款鸡尾酒的灵感来自于田纳西州的乔治·迪克酒厂。参观酒厂的时候，我惊喜地发现，酒厂中优质的美国威士忌居然是用陈旧的设备和传统的酿造工艺小批量手工生产的，但它们的品质经得起岁月的考验。在威士忌市场上，乔治酒厂产品的品质被严重低估了，但是我感觉他们不用太担心与那些大品牌威士忌的竞争。他们需要集中精力生产优质的传统威士忌，酒厂出产的威士忌非常适合搭配咖啡。所以在那次参观酒厂之后，我就设计了很多款咖啡鸡尾酒，田纳西茱莉普就是其中之一。

配料

咖啡混合乔治迪克8号田纳西威士
    忌　60毫升（2盎司）
杏子利口酒　5毫升（1调酒匙）
浅色有机玉米糖浆　10毫升（⅓盎司）
巧克力薄荷叶　12片

装饰物

薄荷枝　5根
杏罐头　一半
蜂巢　1大块

将配料放到茱莉普杯中，搅拌时加入碎冰来浸泡薄荷叶，稀释糖浆。最后放入薄荷叶、杏罐头和蜂巢进行装饰。

咖啡　通过氮气空蚀法（见196页）将咖啡注入到威士忌中，增添微妙的咖啡风味。

利口酒　乔治迪克的田纳西威士忌在蒸馏之后，需要用木炭进行过滤，精炼威士忌。它带有些许烟熏、枫树和爆米花的香气，口感顺滑，余味略干，非常适合搭配咖啡。

科罗娜咖啡

这款鸡尾酒真的没有添加啤酒！科罗娜咖啡的灵感来源于巴坦加（Batanga）鸡尾酒和它的发明人。在墨西哥龙舌兰小镇上，传奇调酒师唐哈维尔·德尔加多·科罗娜在拉卡皮亚（La Capilla）酒吧里发明了巴坦加鸡尾酒。它由龙舌兰和可乐调配而成，最后在杯口沾一圈盐，并放一片柠檬做装饰。科罗娜先生当时用了一把很大的厨刀进行搅拌，这个搅拌的场景当时非常有名，而这把刀也是用来切柠檬的。我的这款鸡尾酒把可乐替换成了其他几种配方，包括加了香料的咖啡苏打，它与可乐具有相似的风味，但又独具特色。

配料

1800 金樽龙舌兰 45毫升（1½ 盎司）

皮埃尔费朗干皮甜酒 10毫升（⅓ 盎司）

麦斯卡尔酒 5毫升（1 调酒匙）

加香料的咖啡苏打（见 189 页）

比特储斯杰瑞托马斯苦精 少许

装饰物

可可辣椒海盐（配方见本页）

泛红的橙皮

可可辣椒盐

可可粉 ⅛茶匙

辣椒粉 ⅛茶匙

美顿（Maldon）海盐 1 茶匙

可可辣椒盐： 将可可粉、辣椒粉、海盐混合均匀。

装饰酒杯： 杯口沾一圈可可辣椒海盐，然后再加冰。

鸡尾酒的制作： 加入配料后用刀搅拌。最后再加 1 片橙子皮装饰。

🫘 **咖啡** 你可以选择任何一种喜欢的咖啡做咖啡苏打，还要再加点香草和烤杏仁。

🍾 **利口酒** 我特别喜欢 1800 金樽龙舌兰酒，它酒体醇厚，风味浓郁，非常适合搭配咖啡香料。皮埃尔费朗具有口感最好的橙味甜酒。麦斯卡尔酒需要带点烟熏味，比如德尔马盖维达（Del Maguey Vida）龙舌兰或者马卡内阁拉维达龙舌兰（Marca Negra Espadin）。

啤酒派对

2017 年，氮气冷萃咖啡成为了全球的潮流饮品。刚开始，咖啡爱好者只能在一些精品咖啡馆里找到，现在一些咖啡连锁店也能买到氮气冷萃咖啡。氮气注入到咖啡时，能产生丰富细腻的白色泡沫，很容易联想到健力士啤酒。白色泡沫具有绵密而美妙的口感，就像浓缩马天尼鸡尾酒一样，喝完嘴巴上也会残留一圈可爱的"白色小胡子"。随后，酒吧里开始售卖氮气冷萃马天尼，需要提前调配好然后放到扎啤桶中，客人点单时打开旋塞即可取饮。使用扎啤桶，不仅可以保持鸡尾酒良好的口感和风味，而且方便、快捷。只要把糖换成其他风味的配料，比如焦糖海盐、木瓜或者其他任何你喜欢的口味，这款鸡尾酒就又变成了另外一种风味。如果没有迷你扎啤桶，你也可以用 iSi 奶油枪代替。这套设备需要专业的操作，设备都会配有详细的使用说明。当然，你还需要 2 个 8 克的气弹。

配料（15 份的量）

坎特一号橙味伏特加（Ketel 1 Oranje
  vodka） 300 毫升（10 盎司）

冷萃咖啡（以 5：1 的比例萃取，
  40～43 页） 600 毫升（20 盎司）

矿泉水 200 毫升（6¾ 盎司）

蓝莓利口酒 150 毫升（5 盎司）

甜椒味利口酒 50 毫升（1¾ 盎司）

龙舌兰糖浆 200 毫升（6¾ 盎司）

装饰物

巧克力粉（其中掺一点可食用铜粉）

蓝莓

将配料加入到预冷的 2 升装扎啤桶中，密封，用力摇动，上下翻转，打入一个 2 号气弹。用力摇动，再打入另一个气弹。

倒入冰镇过的岩石杯中，不要加冰。将扎啤桶放到加满冰的冰桶中，以保持鸡尾酒良好的口感和冰镇的温度。

🫘 **咖啡** 我喜欢用哥伦比亚咖啡豆或者危地马拉咖啡豆，它们具有浓郁的可可风味。

🍾 **利口酒** 本款饮品使用普通的伏特加即可，但我更喜欢用橙味的伏特加。

致命咖啡因

这款甜点鸡尾酒是我为之前管理的一家酒吧设计的，那家酒吧的特色是一种球形肉丸子，这款球形的鸡尾酒特别适合搭配这类菜系。对于顾客而言，这是一种有趣而愉快的体验，当我们卖出去第一杯的时候，就可以料想到今天至少能卖出去半打甚至更多！由于人们的好奇心，旁边看到的客人也会想要尝试一杯。

配料

萨凯帕索莱拉 23 珍藏朗姆酒　30 毫升
　（1 盎司）

冷萃咖啡　30 毫升（1 盎司）

肉桂风味咖啡利口酒　15 毫升（½ 盎司）

玛雅香料阿玛罗（配方见本页）　15
　毫升（½ 盎司）

矿泉水　15 毫升（½ 盎司）

亚当博士爱情女神苦精　2 抖振

另外一种冷萃咖啡　30 毫升（1 盎司）

黑巧克力球

咖啡泡沫（见 198 页）　45 毫升（1½
　盎司）

装饰物

跳跳糖

覆盆子冻干粉

可食用铜粉

玛雅香料阿玛罗

蒙特内罗利口酒　700 毫升（23½）盎司

香草豆粉　5 毫升（1 调酒匙）

烤可可碎　3 克

肉桂粉　0.2 克

辣椒粉　0.1 克

提前准备好配料表中的前 6 种成分，每种准备 14 份，放入到 1.5 升（50 盎司）的瓶子中，在冰箱中储存。

在准备提供给客人饮用时，将另外 30 毫升（1 盎司）冷萃咖啡倒入一个小而浅的烤碗中，将黑巧克力球放在上面。点燃喷灯，轻轻的靠近巧克力球表面，使其软化。最后，在巧克力球上撒点跳跳糖、覆盆子冻干粉和可食用的铜粉做装饰。

轻柔地摇动瓶子，将提前制备的 6 种配料混合均匀，从中取出 105 毫升（3½ 盎司），在黑巧克力球表面开一个小孔，将混合配料通过漏斗注入到黑巧克力球的小孔中（见上一页左上图）。用 iSi 奶油枪在巧克力球上注入咖啡泡沫（见上一页右上图）。然后在巧克力球的小孔上插一根吸管。

在烤碗的冷萃咖啡中加一块干冰（见上一页左下图），最后在这款鸡尾酒上放一层玻璃罩（见上一页右下图）。

侍酒服务：将玻璃罩取走，向客人介绍饮用方法，先用吸管吸完液体后，用勺子敲开巧克力球，搭配下面的冷萃咖啡一起食用。

注意：这款鸡尾酒在饮用前，必须保证咖啡中的干冰释放完全。

🫘 **咖啡**　任何一种冷萃咖啡都可以搭配巧克力球，调配这款甜点鸡尾酒。

🍾 **利口酒**　萨凯帕索莱拉 23 珍藏朗姆酒风味复杂而浓郁，适合搭配黑巧克力。然后加入自制的肉桂咖啡利口酒或者也可以试一下快客棕狐狸。

调和法与抛接法

调和法 搅拌鸡尾酒的过程就像一场精致而令人舒缓的仪式，将各种配料混合在一起，调配出合理的浓度，同时减小氧化作用，增加冰镇的效果。根据经验，搅拌重酒体的利口酒时，不能含有太多黏稠的成分，比如糖浆或者果汁（在搅拌过程中，这些黏稠的成分很难混合均匀）。与摇和法相比，调和法能够保持酒体澄清，比如曼哈顿、马天尼、古典鸡尾酒和尼克罗尼（Negronis）都是用的调和法。但是，调和法不能使鸡尾酒达到统一的低温，添加配料时引入的氧气也更少，因而产生了与摇和法完全不同的酒体黏稠度和口感。

抛接法 适合需要融入更多空气而且容易混合的饮品。现在在酒吧里经常会看到用抛接法调配鸡尾酒，实际上它比摇和法出现的更早，在使用两个金属听壶装在一起进行摇动的方法之前，饮品通过在两个听壶之间不断抛接进行混合。

调酒师小窍门——调和法

• 用调和法调配的鸡尾酒，在侍酒时要保持低温，所以要先用冰块预冷玻璃杯和调配的工具。预冷时，搅拌冰块可以增加冰块与杯子的接触面，从而加快杯子的冷却速度。

• 当预冷鸡尾酒杯时，你可以先准备装饰物，以备使用。

• 倒掉预冷调酒容器时融化产生的多余水分。

• 使用大的方形冰块或者碎冰块。因为小冰块融化速度快，可能还没达到预冷的效果就已经融化了，大冰块融化慢，但是预冷的速度也慢，所以需要进行搅拌。

• 当你向听壶中加入液体时，就要开始进行搅拌。

• 确保冰块盖过液面。

• 缓慢而连续地进行搅拌，搅拌冰块时需要轻柔一点。

• 调配完成后要尽快侍酒，保证客人能够在鸡尾酒最好的口感时进行饮用。

调酒师小窍门——抛接法

使用抛接法制备的鸡尾酒需要尽量在冰镇状态下给客人饮用，因此在制备鸡尾酒时，需要用冰块对鸡尾酒杯进行冰镇处理。

• 向盛有配料的听壶中加入冰块，并用一个无齿滤网隔开冰块。另外一个听壶空置。

• 将配料液体从带冰块的听壶中顺利地抛接到另一个空的听壶中。一只手高高举起，另一只手一边旋转听壶一边下落。在两个听壶之间来回倾注液体。

• 刚开始可以先用水进行练习，寻找合适的角度和位置，调酒师需要反复练习才达到满意的效果。

橙子酱咖啡古典鸡尾酒

这款鸡尾酒沿用了古典鸡尾酒的经典配方，提神的咖啡因饮品和香甜中带点苦味的橙子酱，赋予了它新的风味和魅力。

配料

咖啡豆　3颗

橙子酱　2调酒匙

咖啡苦精（见192页）　3抖振

巧克力苦精　1抖振

苏打水　7.5毫升（¼盎司）

尊尼获加黑方威士忌　60毫升（2盎司）

装饰物

橙子皮

将裹有巧克力糖衣的咖啡豆放在一侧，然后撒点橙子皮精油。

将咖啡豆在冰镇过的调配杯中捣碎，然后加入橙子酱、苦精、苏打水，搅拌至橙子酱完全溶解。然后加入方块冰和威士忌，进行搅拌，达到合适的稀释度和温度。

经过双重过滤，倒入装有冰块的古典鸡尾酒杯中。最后加点橙子皮做装饰。

☕ **咖啡**　选择一种你喜欢的中度烘焙的新鲜咖啡豆。苦精与咖啡搭配在一起，能够增加风味的层次感和复杂度。

🍾 **利口酒**　这款鸡尾酒风味复杂多变，可以搭配各种威士忌，但是我最喜欢尊尼获加黑方威士忌。加入橙子酱和咖啡后，口感更加丰富而美味。

曼哈顿咖啡

能够喝到一杯美味的曼哈顿咖啡鸡尾酒，是人生最大的乐趣之一。曼哈顿是如此美味迷人！我们通过优质的现磨咖啡粉来提升口感，如果能再搭配一块厚切的提拉米苏蛋糕，味道会更加美妙。

配料

咖啡浸泡黑麦威士忌（见195页） 50
毫升（1¼盎司）

曼奇诺红苦艾酒威末酒配制酒 20毫
升（⅔盎司）

黑核桃味苦精 1抖振

樱桃味苦精 2抖振

装饰物

燃烧的橙皮（火焰熄灭后扔掉）

君度橙酒、在干邑白兰地中浸泡过的
樱桃

向混合配料中加入冰块，搅拌后过滤到冰镇过的鸡尾酒杯中。添加装饰物，然后提供给客人饮用。

咖啡 将咖啡粉加入到威士忌中，在黑麦威士忌原有的香料和坚果风味中增加了微妙的咖啡气息。我喜欢用蜜处理的哥斯达黎加咖啡豆。

利口酒 与波本威士忌相比，燕麦威士忌具有干燥的冬季香料的特点，所以适合调配曼奇诺红苦艾酒威末酒配制酒。这款酒品具有香甜而复杂的风味。

尼克罗尼咖啡

尼克罗尼咖啡凭借其丰富、复杂的口感,以及容易调配、风格多样的特点,近几年来非常受欢迎。对于那些喜欢苦味的人来说,选择尼克罗尼咖啡再适合不过。这是我最喜欢的饮品之一,它风格多样,不论你选择哪一种基酒,都能搭配出可口的风味。

配料

鲁特老西蒙金酒(Rutte Old Simon genever) 25毫升(¾盎司)

咖啡浸泡的苦艾酒甜酒(见194页) 22.5毫升(¾盎司)

里诺马托(Rinomato)苦味开胃酒 22.5毫升(¾盎司)

装饰物

燃烧的橙皮

在玻璃杯的一侧涂上石榴糖浆(可选择是否涂抹)

在无柄葡萄酒杯中放一块冰块。将所有的配料倒入调酒壶中,加入方块冰,来回抛接5次,以达到混合、冷却、引入少量空气的目的,然后过滤到玻璃杯中。最后加装饰物点缀。

☕ 咖啡 将咖啡粉加入到苦艾酒中,增加香气,使口感更加丰富。

🍾 利口酒 这种龙舌兰酒非常特别,它添加了烘焙的坚果,所以适合搭配具有坚果风味的咖啡和芳草气息的苦艾酒。当然,你也可以换成唐胡里奥珍藏龙舌兰(Don Julio Reposado tequila)、玛杜莎白金朗姆酒(Matusalem Platino rum)或者优质的波本威士忌。这些烈酒都可以与苦艾酒和里诺马托完美地调配在一起。里诺马托是苦味开胃酒,风味比金巴利(Campari)清淡,但是酒体比阿佩罗(Aperol)更加圆润。如果这些酒都买不到,你也可以选择一些传统的意大利烈酒进行混合调配。

烟熏鲍比伯恩斯

鲍比伯恩斯鸡尾酒是曼哈顿的改良版，它用苏格兰威士忌代替美国黑麦威士忌或者波本，并加入了一点法国廊酒（这是法国修道士发明的一种香草利口酒）。我的版本中还增添了咖啡和香甜的烟雾来提升风味。坦白地说，我并不是烟熏鸡尾酒的爱好者，因为我用木片做过很多烟熏鸡尾酒，都会产生辛辣的烟灰缸的香气。挑选木片是非常重要的环节，烟熏时要产生怡人的香气，因为它不仅能够提升视觉美感，还能使口感更加丰富。需要注意的是，木片不能过度加热，否则木片爆裂会产生呛鼻的烟熏味。当你操作准确时，产生的烟熏香气能够为鸡尾酒增添怡人的风味。

配料

柠檬皮

三只猴子（Monkey Shoulder）苏格兰
  威士忌　40毫升（1⅓盎司）

咖啡浸泡苦艾酒（见194页）　30毫升（1
  盎司）

法国廊酒（Bénédictine）　10毫升（⅓
  盎司）

装饰物

苏格兰黄油酥饼（可选择是否添加）

挤压柠檬皮，将其中的精油加到冰镇过的调酒听壶中，柠檬皮用完后扔掉。加入其他配料后，在两个装有冰块的听壶间进行抛接，大概进行6次。

调配好的鸡尾酒过滤到一个大的窄口球形杯里，杯子需要提前冰镇，然后在烟枪中加入干燥的巧克力麦芽和旧橡木桶中的美国橡木片，制造烟熏效果。

根据喜好，还可以搭配苏格兰的黄油酥饼一起享用。指导饮用者用力摇动酒杯使烟雾融入到鸡尾酒中，在排出容器内的大部分烟雾后再饮用。

🫘 **咖啡**　将咖啡粉加入到苦艾酒中，给苦艾酒增添微妙的咖啡风味。

🍾 **利口酒**　三只猴子威士忌是混合了三种不同的斯佩塞品牌（Speyside）的麦芽威士忌，为鸡尾酒带来了温热的口感和浓郁的风味。法国廊酒是一种香草利口酒，能够增添香料、蜂蜜等复杂而令人愉悦的风味。调配这款鸡尾酒时，我最喜欢用曼奇诺红苦艾酒来浸泡咖啡。

翻云覆雨

　　这款甜蜜中带点苦涩的马天尼鸡尾酒最早是由艾达·科尔曼在著名的伦敦沙威酒店（Savoy）中的美国酒吧里发明的。这是一款大胆而极具特色的鸡尾酒，并不适合所有人，但是如果你喜欢喝美味的尼克罗尼（Negroni），那么你可以试一下。咖啡的巧妙加入，增添了令人振奋的风味和口感层次的复杂度，非常适合搭配菲奈特布兰卡比特酒（Fernet-Branca）。

配料

伦敦金酒　30毫升（1盎司）

咖啡浸泡甜苦艾酒（见194页）　30
　　毫升（1盎司）

菲奈特布兰卡比特酒　2.5毫升

装饰物

橙皮精油

　　将配料加入到装有冰块的调配杯里，然后进行搅拌，过滤后倒在飞碟杯中小块的手切冰块上。

　　加入橙皮精油进行装饰。

　　🫘 **咖啡**　咖啡的风味通过浸泡融入到苦艾酒中，而且与菲奈特布兰卡比特酒非常搭配。

　　🍾 **利口酒**　随着金酒市场的急速增长，大家在众多的金酒品牌中很难做出选择。我会尽量避免杜松子风味比较浓郁的酒款，而选择一些柑橘风味、香料风味或者坚果风味突出的。比如添加利10号金酒和孟买蓝宝石金酒，它们能够减轻杜松子的特殊风味。纪凡杜松香（G'Vine Nouaison）、孟买蓝宝石东方版（Bombay Sapphire East）或者添加利马六甲金酒（Tanqueray Malacca）则具有与杜松子类似的香料风味。

老广场咖啡

你可能已经猜到了，这款咖啡鸡尾酒是新奥尔良的经典鸡尾酒"老广场"的咖啡改良版，也是我至今为止最喜欢的一款经典高度酒。它以黑麦威士忌和干邑白兰地为基酒，具有复杂的甜香料的风味，加入苦艾酒后增添了药草味，口感更加圆润，然后混合苦精、咖啡和少许法国廊酒，提升了酒体的口感和风味。

配料

黑麦威士忌 22.5毫升（¾盎司）

VS干邑白兰地 22.5毫升（¾盎司）

咖啡浸泡苦艾酒甜酒（见194页） 22.5
毫升（¾盎司）

法国廊酒 5毫升（1调酒匙）

贝桥苦精（Peychaud's Bitters） 1抖
振

亚当博士奥利洛克苦精（Dr. Adam
Elmegirab's Orinoco Bitters） 1抖
振

装饰物

燃烧的橙皮

将所有的配料加入到摇酒壶中，放入方形冰块，抛接5次进行混合、冷却，混入少量空气。过滤到不加冰的马天尼酒杯中。最后再用燃烧的橙皮进行装饰。

☕ **咖啡** 将咖啡粉加入到苦艾酒中，浸泡后赋予苦艾酒微妙的咖啡风味，增加口感的复杂度。

🍾 **利口酒** 选择一种你喜欢的优质烈酒品牌，使酒体具有复杂而平衡的风味。

罗西塔瓶装咖啡

这款鸡尾酒与尼克罗尼的配制方法（见 151 页）很像，但是它用金樽龙舌兰代替了金酒，制备好提前装瓶，需要饮用的时候可以直接从冰箱里取出。如果加入海盐黑巧克力（比如特里的黑巧克力橙子 Terry's Dark Chocolate Orange）口感会更加美妙，但是这并不是必需的配料。

配料

金樽龙舌兰　25 毫升（¾ 盎司）

咖啡浸泡的苦艾酒甜酒（见 194 页）　22.5 毫升（¾ 盎司）

里诺马托苦味开胃酒（Rinomato bitter aperitivo）　22.5 毫升（¾ 盎司）

装饰物

燃烧的橙皮

不论是 2 人份还是 10 人份以上，你需要根据瓶子的容量来增加配料的含量。将配料装瓶后，放在冰箱里储存。

侍酒：准备好装有冰块的酒杯和装饰物，然后把瓶子放在酒杯旁，当客人需要的时候，可以直接倒入酒杯中自行搅拌。

🫘 **咖啡**　将咖啡粉加入到苦艾酒中，浸泡后赋予苦艾酒微妙的咖啡风味，增加口感的复杂度。

🍾 **利口酒**　我最喜欢用福塔莱萨（Fortaleza）、唐胡里奥（Don Julio）或者阿雷特（Arette）这三种品牌的龙舌兰来调配这款鸡尾酒。当然，你也可以根据自己的喜好选择优质的金樽（陈年）龙舌兰来搭配里诺马托苦味开胃酒（见 151 页）。

萨米戴维斯

我创造这款鸡尾酒是为了纪念萨米·戴维斯先生在出演电影《瘦皮猴外传》以及演唱歌曲 *Mr Bojangles* 时的精彩表现和超凡的个人魅力。萨米在 YouTube 上传的一段经典的三得利威士忌的广告片激发了我的创作灵感，我肯定萨米也一定会爱上这款鸡尾酒的。

配料

三得利角瓶黄标调配威士忌（Suntory Kakubin Yellow Label blended whisky） 45 毫升（1½ 盎司）

卢士涛德罗西门内雪莉苦艾酒（Lustau Pedro Ximénez sherry vermouth） 20 毫升（¾ 盎司）

泥煤怪兽威士忌（Octomore whisky） 2 罐喷雾

冷萃咖啡冰块（见 188 页） 1 大块

装饰物

向火焰上喷泥煤怪兽威士忌喷雾

装有冷萃咖啡和干冰的迷你摩卡壶，能够产生芳香的烟雾（非必需品）

将配料表中前三种成分放入调酒杯中，加冰块后进行搅拌。加入冷萃咖啡冰块，将过滤的鸡尾酒倒在上面。装饰。

🫘 **咖啡** 咖啡以冷萃咖啡冰块的形式添加，所以选择的冲泡咖啡要能搭配你使用的威士忌。

🍾 **利口酒** 在日本，三得利角瓶调配威士忌是很多酒吧里的标配，遗憾的是由于日本本土消耗量过大，所以在其他国家很难买到。它的口感比较清淡，有点像爱尔兰威士忌或者加拿大威士忌，虽然麦芽的风味更浓郁，但是可以被其他国家的威士忌或者其他清淡的日本调配威士忌替代。苦艾酒能够增添丰富的香料味，使口感更加圆润。如果你非常喜欢抽烟，可以加点泥煤怪兽威士忌（或者其他烟熏威士忌）。

橡木陈年古典鸡尾酒

这款鸡尾酒在古典鸡尾酒的配方上添加咖啡来提升风味和口感，调配完成后，需要在橡木瓶或者橡木桶中放置一段时间，所以在提供给客人之前需要算好时间。美味会迟到，却从不会缺席。

配料

波本威士忌　50毫升（1¼盎司）

糖浆（糖和水的比例为2：1，见55页）　7.5毫升（¼盎司）

咖啡利口酒　5毫升（1调酒匙）

矿泉水　10毫升（⅓盎司）

咖啡苦精（见192页）　3抖振

装饰物

橙子皮

撒有海盐的瑞士莲橙子味巧克力片

你想制备多人份的时候，需要根据橡木容器的体积来增加配料。将所有的配料直接倒入大的容器中，搅拌均匀，品尝一下味道，根据需要进行调整。然后过滤到加有香料（操作方式见本页）的橡木容器中进行熟化。

准备饮用时，取出75毫升（2½盎司）加入到装有大冰块的古典鸡尾酒杯中，最后进行装饰。

加香料：在橡木容器里加入具有特色风味的液体，这种风味会通过橡木容器传递到下次加入到橡木桶的饮品中。虽然很多风味物质都可以添加，但我建议多制备几份口感较清淡的法压壶咖啡，加入到橡木容器中，浸泡24～28小时后把咖啡倒掉。

侍酒师的小窍门：当鸡尾酒在橡木容器里熟化时，可以加一点其他的配料，少许即可，没有必要加太多，否则会影响其他风味。所以你需要经常从橡木容器中取出一点进行品尝，直到发现最佳口感时，将鸡尾酒从橡木桶转移到玻璃瓶中储存，保持怡人的风味。

注意：橡木容器越小，熟化的速度越快。另外，储存的温度、橡木容器的年龄、酒精度等都会影响熟化的时间，所以每款鸡尾酒的熟化时间可能都不相同。

🫘 **咖啡**　咖啡利口酒、咖啡苦精和添加到橡木容器的咖啡都为这款鸡尾酒增添了咖啡的风味。

🍾 **利口酒**　选择一种你喜欢的波本威士忌，比如美格波本威士忌或者金宾黑标都非常合适。如果再加一点朗姆、苏格兰威士忌甚至干邑白兰地，味道会更加美妙。

土耳其软糖

这款鸡尾酒的灵感来自于我的一位土耳其朋友默默特·苏尔（Mehmet Sur），2015 年他在南非举办的世界级全球鸡尾酒大赛上展示了一款类似的鸡尾酒。他通过这款鸡尾酒赞美了土耳其的特色风味和源远流长又迷人的咖啡文化。

配料

土耳其咖啡 30 毫升（1 盎司）

萨凯帕 23 朗姆酒（Ron Zacapa 23 rum） 45 毫升（1½ 盎司）

奥拉索雪莉酒（Oloroso sherry） 15 毫升（½ 盎司）

土耳其空气软糖（配方见本页） 60 毫升（2 盎司）

配餐（非必需，根据喜好选择）

什锦水果干

开心果

土耳其软糖

土耳其空气软糖

开水 150 毫升（5 盎司）

葡萄干 50 克（1¾ 盎司）

干芙蓉花 50 克（1¾ 盎司）

蜂王浆和西洋参蜜（也门） 15 毫升（½ 盎司）

拉克酒（raki） 10 毫升

玫瑰水 3 滴

乳化剂 1 克

土耳其软糖空气：将葡萄干混入到开水中，加入干芙蓉花，静置 8 ～ 10 分钟后过滤。加入剩余的配料，然后冷却。

鸡尾酒的制备：制备新鲜萃取的咖啡，过滤到冰镇过的土耳其咖啡壶或者调酒听壶中。加入朗姆酒、雪莉酒和方块冰，然后进行抛接混合，达到最合适的稀释度和温度为止。最后过滤到冰镇的土耳其咖啡杯或者类似的杯子中。

侍酒：用搅拌棒或者电动打蛋器搅拌土耳其空气软糖，带入空气，然后在杯子上放一把勺子。可以根据喜好搭配什锦水果干、开心果或者土耳其软糖一起享用。

🫘 **咖啡** 使用深度烘焙的土耳其咖啡豆，研磨成细粉，土耳其咖啡壶（带有木质手柄的小水壶，如图片所示）中的热水温度要非常高。这种咖啡的口感非常浓郁而且有点苦。你也可以选择特浓意式浓缩咖啡。

🍾 **利口酒** 萨凯帕 23 朗姆酒是口感丰富、风味复杂的甜朗姆酒，用它作为基酒，能够与其他风味物质完美地搭配在一起。奥拉索雪莉酒具有香料和坚果的风味，拉克酒是由发酵的葡萄汁加茴香蒸馏而成的传统的土耳其烈酒。

搅和法

电动搅拌机曾是酒吧里的必备工具，用来制作 20 世纪 70 年代和 80 年代末迪斯科里流行的彩色饮料。后来调酒师开始尝试新的调酒工具——搅拌棒， 电动搅拌机渐渐不再流行。大多数高端酒吧已经把这种有点噪声、笨重而且性能不太稳定的果汁机与制作球形分子料理的装置，以及手动刷卡机一起放在房间后面阴暗的橱柜里，留给泳池旁身穿提基衫（Tiki-shirt-clad）的调酒师使用。当配料以及成分比例选择准确时，调配出的鸡尾酒口感平衡而美味，就像一件精美的艺术品。丝绒般顺滑而冰凉的质感，美妙的滋味仿佛置身于幸福的彼岸。现在，用搅和法调配优质的鸡尾酒像是已经失传的技能，它需要反复练习，掌握精准的调配技巧，才能得到美味的饮品。无论是调配哪种鸡尾酒，优质的配料成分才是关键，而且往往调酒师觉得还需要在混合饮品中加入糖浆和利口酒。一定要新鲜饮用！合适的冰块比例非常重要，如果冰块量太少，饮用时口感温热而沉闷，如果加入太多冰块，最终得到的口感也会很糟糕。冰块过多，除了会造成过度冰凉的质感外，更重要的是冰块融化成水会稀释风味。如果搅拌机里面没有留下任何东西，说明加入了太多冰块，如果得到的饮品口感过于冰凉而感觉不到其他风味，也说明杯中混入了太多的冰块。

调酒师小技巧

• 混合饮品中具有各种风味的配料，咖啡的选择不必过于纠结。一般来说，口感浓郁的冷萃咖啡或者意式浓缩咖啡都可以。

• 只能使用碎冰块或者裂开的冰块进行调配。

• 如果加入的冰块过多，会稀释口感和风味，另外固体太多也会导致饮品很难饮用。而且过多的冰块与饮品很难融合，很可能酒喝完之后，杯子里还有一些冰块。这些错误的操作都会导致不愉快的饮用体验，破坏搅和鸡尾酒在客人心中的形象。

• 如果冰块量不足，口感稀薄，就失去了混合饮品应有的冰凉清爽。

• 从搅拌机的顶端向下看，如果机器中心形成顺滑流畅的液体涡流，就说明饮品已经混合充足。

F.B.I.

虽然在 21 世纪初的前 10 年，冷冻黑爱尔兰咖啡（The Frozen Black Irish）已经淡出公众视线，但是它的技术非常经典。大约在 1985 年，"周五美式餐厅"最早发明了这款鸡尾酒，除此之外，关于它的信息非常少，据说与冷冻爱尔兰咖啡和泥石流鸡尾酒（Mudslide）有关，泥石流鸡尾酒中含有巧克力酱和淡奶油，口感较甜。F.B.I. 是一款非常简单的鸡尾酒，与 20 世纪 80 年代涌现的色彩缤纷的迪斯科混合饮品相比，它非常朴素、简洁。它最初的版本就十分美味，稍作调整口感会更加迷人。我向其中加入了冷萃咖啡和高端的香草冰激凌来提升风味。一般来说这款鸡尾酒不需要装饰（无添加装饰物），但是我借鉴了冷冻爱尔兰咖啡的方法。当时我是在新奥尔良的艾琳罗森（Erin Rose）酒吧喝到的这款时尚经典的冷冻爱尔兰咖啡，它用得其利冰沙机（Daiquiri slushy machine）进行制备，最后加入咖啡粉进行装饰。

配料

伏特加　30 毫升（1 盎司）

百利甜酒　30 毫升（1 盎司）

甘露咖啡力娇酒　30 毫升（1 盎司）

冷萃咖啡　30 毫升（1 盎司）

香草冰激凌　2 勺

半牛奶半奶油（见 204 页）　45 毫升（1½盎司）

碎冰　半勺

装饰物

速溶咖啡碎混合干燥的香草粉

用果汁机混合配料至液体顺滑而冰冷，然后倒入古典鸡尾酒杯中，撒点咖啡末做装饰。

咖啡　原版配方中是用甘露咖啡利口酒来增添咖啡的风味，你也可以尝试一些新品牌的咖啡利口酒，比如黑先生、快客棕狐狸、小德里帕（Little Drippa）、黑色转折（Black Twist）等优质的咖啡利口酒。我的配方中加入了优质的特浓冷萃咖啡，比咖啡利口酒具有更加浓郁的口感。

利口酒　任何一款日常饮用的伏特加都可以。爱尔兰威士忌也非常适合用来调配这款鸡尾酒，它可以增强风味，使酒的口感更加美味。

意式冰霜奶昔

在一个的炎热下午，当我在研究意大利文化时，突发灵感设计出了这款由星巴克经典饮品改进而来的意式冰霜奶昔。这款意式奶昔苦中带点甜，还有一点草本植物的味道，调配用的三款利口酒也是意大利餐后酒的标杆。最后再加入冰块和冷萃咖啡，就产生了这款意大利冰沙炸弹。

配料

马尔萨拉甜白葡萄酒（Marsala Superiore dolce fortified wine） 30毫升（1盎司）

阿玛罗拉马佐蒂利口酒（Amaro Ramazzotti） 20毫升（¾盎司）

菲奈特·布兰卡酒（Fernet-Branca） 10毫升（⅓盎司）

冷萃咖啡 45毫升（1½盎司）

阿玛莲娜樱桃糖浆（Amarena） 10毫升（⅓盎司）

碎冰 1勺

装饰物

新鲜的薄荷

一颗阿玛莲娜樱桃

用果汁机混合配料，搅拌至丝滑冰凉，然后倒入高脚杯或者一次性咖啡杯中。最后用薄荷和阿玛莲娜樱桃做装饰。

🫘 **咖啡** 挑选一款你喜欢的冷萃咖啡或者冰滴咖啡，不要担心，不论怎么选都绝对不会出错。

🍾 **利口酒** 马尔萨拉是一种西西里的加强型葡萄酒，也被称作是意大利的波特或雪莉。"Superiore dolce"说明它是一种甜酒，而且经过两年熟化，一般具有无花果、葡萄干、杏仁、坚果和蜂蜜的味道，余味中带有甜美的气息。拉马佐蒂是一种苦味的餐后利口酒，具有黑莓、可乐和橙子的风味，香甜的余味中带点苦涩。菲奈特·布兰卡酒是一种带点苦味的药草餐后酒（据说喝过之后就慢慢喜欢上这种味道）。

焦糖波波

酒如其名！它的制作方法简单而有趣，非常适合用来招待朋友。

配料

三只猴子威士忌　40 毫升（1⅓ 盎司）

冷萃咖啡　40 毫升（1⅓ 盎司）

牛奶　90 毫升（3 盎司）

香草冰激凌　2 勺

焦糖爆米花　4 颗

盐　少许

装饰物

焦糖酱　30 毫升（1 盎司）

香草奶油

焦糖爆米花

在奶昔杯里淋上焦糖酱。用果汁机混合配料时加半勺碎冰，调配均匀后倒入杯子中。最后根据喜好，用香草奶油、焦糖爆米花和焦糖酱进行装饰。

咖啡　任何一种冷萃咖啡都非常适合调配这款鸡尾酒。

利口酒　三只猴子威士忌由三种不同的斯佩赛（Speyside）威士忌调配而成。浓郁的蜂蜜、麦芽的风味特别适合搭配焦糖和爆米花。如果你喜欢易饮风格的鸡尾酒，你也可以换成伏特加做基酒。

"宅"家刷剧

　　这款美味但是有点淘气的鸡尾酒是我在家中设计出来的，当时我正在为一个活动制作甜点。冰激凌桶是一个很有趣的设计但并不是必需的。当桶中最后一点冰激凌也加入到果汁机后，我并没有把冰激凌桶扔掉，而是把它当成容器使用，这样还可以减少餐具的数量。这份配料表是 2 人份的量，但是可以减半然后放到常规的杯子中供 1 人饮用。这款饮品的风格可以进行简单的调整来搭配其他异域风味的冰激凌，比如夏威夷果脆风味、焦糖海盐味和比利时巧克力风味冰激凌。

配料（2 份的量）

波本威士忌　90 毫升（3 盎司）

冷萃咖啡　45 毫升（1½ 盎司）

曲奇冰激淋　4 勺

牛奶　120 毫升（4 盎司）

枫糖浆　60 毫升（2 盎司）

盐　少许

装饰物

掼奶油

一块曲奇饼干

曲奇碎

　　用果汁机搅拌配料然后倒入大的公用杯或者冰激凌桶里，然后用装饰物进行装饰。

　　🫘 **咖啡**　选择冷萃咖啡调配肯定不会出错。实际上，任何一种风格浓郁的咖啡都可以，比如意式浓缩咖啡、胶囊咖啡以及摩卡咖啡等。

　　🍾 **利口酒**　我喜欢用波本威士忌或者杰克丹尼（Jack Daniels）来调配这款鸡尾酒。

石板街咖啡

调配这款饮品时，要放入巧克力、咖啡、覆盆子、冰激凌，再加上烘烤的棉花糖。曾经在一位朋友的生日时，我把这款鸡尾酒、蜡烛和一顶有点傻的帽子一起送给了他。

配料

伏特加　45 毫升（1½ 盎司）

冷萃咖啡　30 毫升（1 盎司）

咖啡利口酒　15 毫升（½ 盎司）

覆盆子果泥　20 毫升（⅔ 盎司）

牛奶　90 毫升（3 盎司）

香草冰激凌　2 勺

巧克力酱　45 毫升（1½ 盎司）

香草糖浆　10 毫升（⅓ 盎司）

盐　少许

装饰物

曲奇饼干碎

喷灯烘烤的棉花糖（烘烤时在火焰中撒
　上少许肉桂）

准备杯子：用巧克力酱和曲奇饼干碎装饰奶昔杯的杯沿。

鸡尾酒的制备：用果汁机搅拌配料和半勺碎冰，然后倒入杯中。上面放几块烘烤的棉花糖，用喷灯精心烘烤，并在火焰中加入少许肉桂。

☕ 咖啡　任何一款冷萃咖啡或者意式浓缩咖啡都适合调配这款鸡尾酒。

🍾 利口酒　选择一种你喜欢的伏特加，而且你可以大胆一点，根据喜好搭配一种现在流行的特色风味，比如生日蛋糕口味、巧克力樱桃口味或者曲奇饼口味。

纽约奶油咖啡

据说在 20 世纪 20 年代，一位犹太人在纽约发明了一款经典饮品——纽约蛋蜜乳。现在，这款鸡尾酒中既没有蛋也没有奶油，关于原版配方里有没有添加蛋和奶油，曾经展开过激烈的争辩。我一般不加蛋和奶油，而是加入其他一些昂贵的东西。

配料

波本威士忌　45 毫升（1½ 盎司）

莫扎特黑巧克力利口酒　20 毫升（⅔ 盎司）

杏仁牛奶　90 毫升（3 盎司）

冷萃咖啡　30 毫升（1 盎司）

烤可可糖浆（配方见本页）或者巧克力软糖酱　15 毫升（½ 盎司）

碎冰　½ 勺

苏打汽水　45 毫升（1½ 盎司）

装饰物

酒心甘那许巧克力（见 200 页）

烤可可粒

烤可可糖浆

可可碎粒　300 克（10 盎司）

细砂糖　500 克（2½ 杯）

椰子糖　500 克（2½ 杯）

烤可可糖浆： 把可可碎粒加到平底锅里，小火烘焙。烘焙后，加入细砂糖和椰子糖，将材料加热至软化。加入 1 升（33 盎司）水，搅拌，然后小火加热。搅拌至糖分完全溶解，然后冷却，过滤后装瓶。

准备杯子： 将杯子的杯沿蘸上酒心甘那许巧克力。最后，再撒一点烤可可粒。

鸡尾酒的制备： 用果汁机搅拌除了苏打汽水外的所有配料，直至达到顺滑柔和的质感，然后倒入玻璃杯中。从上面加入苏打水，涌出气泡。

咖啡 任何一种冷萃咖啡都可以。

利口酒 波本威士忌搭配咖啡和巧克力，令人垂涎欲滴。入门款的波本威士忌也可以。我用的是莫扎特黑巧克力利口酒，非常美味，但是如果买不到，可以用百利巧克力豪华利口酒（Baileys Chocolat Luxe liqueur）或者其他类似的产品替代。

咖啡可乐达

这款由凤梨可乐达（Colada）改良而来的鸡尾酒在活动上一直备受欢迎。它将原版的菠萝换成咖啡，可可奶油换成可可朗姆酒，再加入一点香料、碎冰和优质的朗姆酒到果汁机中，充分搅拌至酒体顺滑而流畅。这款饮品口感丰富，没有传统可乐达厚重的奶油味。酒杯外可食用的糖衣给这款产品增加了独特的乐趣。

配料

萨凯帕23朗姆酒　45毫升（1½盎司）

冷萃咖啡　45毫升（1½盎司）

椰子朗姆酒　15毫升（½盎司）

加勒比海香料糖浆（配方见本页）　15毫升（½盎司）

碎冰块　¼勺

巧克力苦精　2抖振

酒杯装饰物（糖衣）

椰子利口酒

椰蓉

香草粉

可可粉

加勒比海香料糖浆

多香果粉　1克

肉豆蔻粉　1克

姜粉　0.3克

矿泉水　1升（33盎司）

细砂糖　1.8千克（8杯）

香草精　3克

椰糖　200克（1杯）

加勒比海香料糖浆：把香料粉加到锅里，小火烘烤。加水煮沸，然后再加入细砂糖和香草精。小火加热直到固体可溶物完全溶解。用细筛过滤，除去难溶的粉末颗粒。加入椰糖，搅拌至完全溶解。冷却后，倒入冰镇过的瓶子中。糖浆在冰箱里可以储藏8周。

准备酒杯：用喷瓶将椰子利口酒喷洒在古典鸡尾酒瓶（最好是圆形的）外面，然后涂上一层混有香草粉、可可粉和椰蓉的糖衣。我非常享受这个过程，会用糖衣包裹整个杯子，拿着手柄就可以避免弄脏手指。

鸡尾酒的制作：用果汁机搅拌配料，至酒体变得冰凉而柔顺，然后倒入包裹糖衣的杯子中。最后，在上面撒一点新鲜的椰蓉。

🫘 咖啡　我最喜欢用风味浓郁的危地马拉冷萃咖啡搭配朗姆酒，当然使用南美洲的咖啡豆也可以。

🍾 利口酒　萨凯帕朗姆酒风味浓郁、香气复杂，能够与其他配料完美地搭配在一起，调配出口感丰富、具有香辛料气息的鸡尾酒。

自制咖啡制品

我在创造咖啡鸡尾酒的过程中也制作了很多简单而美味的咖啡制品，当你在调配书中的某些配方时，会发现它们非常有用，或许还能启发你创造出自己的鸡尾酒配方。其实创造一款鸡尾酒有很多种方式，所以有时我会给你不同的选择，找到其中最适合你的方式。每种方法设计出的鸡尾酒虽然口感不同，但都一样的美味。

调酒师小窍门

- 调酒前，准备好所有需要的器皿和配料，避免操作时在酒吧或者厨房里来回翻找材料。
- 保持操作台的干净整洁，可以提高工作的效率。
- 调酒过程中需要多品尝，根据需要调整配料的含量。
- 记录每次的调酒结果，下次调酒时可以参考或者改善。
- 请关注食品安全、当地的饮酒条例、有害或者限量成分以及危险仪器的使用规范。

咖啡糖浆

简易冷萃法

　　对于调酒师而言，制作调味糖浆是一件简单又开心的事情，因为他们可以通过调味糖浆把个人风格和想法带入到鸡尾酒中。优质的咖啡糖浆具有很多用处，首先，糖分为咖啡创造了一个耐储存的环境，通过减缓氧化来延长保鲜期，保存鲜榨咖啡的风味。其次，它能够增强咖啡的风味，平衡鸡尾酒或者低酒精鸡尾酒的酸度和苦涩感，还可以添加到奶油、甜甜圈、蛋糕和甜点中，口感更加美味。从简单的石榴汁糖浆到复杂的杏仁糖浆，制作糖浆的方法有很多种。你还可以在制作过程中添加喜欢的香料，比如肉桂、香草、肉豆蔻、姜、丁香、多香果和可可碎来增强糖浆的风味和复杂性。下面介绍的几种方法是我认为非常有效的。选择一种适合你的方式，或者尝试从中找出创造新方法的灵感。

配料

浓缩冷萃咖啡 [用托迪冷萃装置：250克（9盎司）咖啡粉，1升（33盎司）水，萃取18个小时] 250毫升（8½盎司）

单糖浆（糖水比例为2：1，见55页）500毫升（17盎司）

盐　少许

　　将这些常温配料放到一个干净的大碗里，充分搅拌至混合均匀。品尝后，根据喜好添加咖啡或糖进行调整。用漏斗将混合液灌入灭菌瓶中，冷藏保存4周。

　　糖浆加香的操作非常简单，向咖啡和糖浆的搅拌碗里加入你喜欢的香料，通过冷浸渍的方式浸泡一段时间。你可以使用一种香料（比如肉桂），也可以使用混合香料。冷浸渍的过程中随时品尝，当达到你喜欢的风味时，用细孔过滤袋（见42页）进行过滤。

　　注意：肉桂、丁香与其他香料相比，味道更加浓郁，风味释放速度很快，所以要从少量开始，慢慢增加。盐是非常重要的调味品，它可以增强风味，使之更加柔和甜美。

咖啡糖浆
炉式热冲泡法

　　这是一种传统且具有一定技术性的方法，效果虽然不是最好的，但一样能制作出风味持久而美味的咖啡糖浆。

配料

粗磨咖啡粉　150克（5⅓盎司）

水　700毫升（23½盎司）

细砂糖　1千克（5杯）

盐　少许

　　咖啡和水加入炖锅中，小火缓慢加热3分钟左右。通过细筛过滤，然后加入糖和盐，继续小火加热，搅拌至糖分全部溶解。不要大火煮沸。

　　品尝味道，确保合适的咖啡浓度，停火，经过滤袋（见42页）或者棉布过滤，然后冷却。

　　用漏斗加入到过滤瓶中，冷藏储存6周。

　　注意：这款配方加香料也很简单，向放有咖啡的炖锅里加入你喜欢的香料，加热萃取更多的风味，最后进行过滤。

咖啡利口酒
冷萃混和法

　　从制作糖浆到自制利口酒的转变是一个自然的过程。添加酒精能够提升和保存糖浆的风味，延长保鲜期，增加香甜的口感。这也是从咖啡中提取风味物质的一种很好的方法。下面介绍的方法是简易冷萃法（见 184 页）的改良版。

配料

浓缩冷萃咖啡[使用托迪装置：250 克（9 盎司）咖啡粉，1 升（33 盎司）水，萃取 18 小时] 250 毫升（8½ 盎司）

单糖浆（糖水比例为 3：1，见 55 页） 250 毫升（8½ 盎司）

一种你喜欢的烈酒 300 毫升（10 盎司）

盐 少许

　　将这些常温配料放到一个干净的大碗中，充分搅拌至混合均匀。品尝后，根据个人喜好添加咖啡、糖或者烈酒进行调整。用漏斗将混合液装入灭菌瓶中，冷藏储存 6 个月。

利口酒 虽然选用高酒精度的利口酒比如艾维克利尔（Everclear）非常合适，但是在很多国家可能买不到。我发现使用优质的伏特加效果也可以，但是难道不能更好吗？我发现用其他烈酒作基酒时，效果要更好。如黑麦威士忌、波本威士忌、陈年朗姆酒、金樽龙舌兰酒、白兰地，还有许多苏格兰威士忌、加拿大威士忌、爱尔兰威士忌，这些效果都很好，他们将自己独特的风味带到了这款美味的咖啡利口酒中。

注意：就像糖浆一样，利口酒也很容易加香。只要将你喜欢的香料加入到装有咖啡、糖浆和烈酒的调配杯中，通过冷浸渍的方式浸泡一会。浸渍过程中要随时品尝，达到你满意的风味后即进行过滤。或者可以将所有的配料加入到密封的真空袋中，在 50℃（122 ℉）下，低温慢煮 3 小时左右。

咖啡利口酒

浸渍法

使用浸渍法，需要将咖啡在烈酒中浸泡 12 小时，加糖之后口感会更加圆润。

配料

浓缩烘焙的咖啡粗粉　150 克（5⅓盎司）

一种你喜欢的烈酒　700 毫升（23½ 盎司）

细砂糖　500 克（2½ 杯）

盐　少许

将咖啡和烈酒加入到大罐子或者法压壶里进行混合。浸泡 12 小时，用过滤袋或者棉布进行过滤。

加入细砂糖，持续搅拌，直到糖分完全溶解。随时品尝，根据喜好进行调整，确保酒体达到合适的甜度。混合液用漏斗灌入到灭菌瓶中，冷藏储存 8 个月。

如果不用冷浸渍技术，可以将所有的成分放进密封的真空袋里，然后在 50℃（122 ℉）下真空烹饪 3 小时，再按照上述说明进行过滤。

注意：这款配方加香也非常容易，将你喜欢的香料比如肉桂、香草、肉豆蔻、姜、可可碎加入到制备的咖啡和烈酒混合溶液中。

咖啡冰块

　　制作咖啡冰块的配方主要取决于对咖啡浓淡的偏好，然后调整咖啡的用量。将咖啡放进冰箱制取冰块，操作虽然很简单，但仍然有些小窍门，下面的几条小建议是我从多次操作中总结出来的。

配料

一种你喜欢的冷萃咖啡（见 184
　　页） 500 毫升（17 盎司）
矿泉水　300 毫升（10 盎司）

　　将所有的配料放进无菌容器里混合，品尝一下咖啡的浓度。如果觉得浓度合适，可以直接放进冰箱里。

冷冻小贴士

• 可以向冰块中加入其他的风味物质，比如香草精、不同的香料和苦精。

• 如果冰箱里还有其他食物，冰块很容易被食物的味道污染，所以最理想的情景是冰箱里只放冰块、玻璃器皿和烈酒。

• 除了标准的冰格之外，你可以尝试一下其他容器，制造出不同形状和大小的冰块。

咖啡苏打

　　如果已经提前准备好了咖啡糖浆，咖啡苏打的制作就会非常容易。它以咖啡糖浆为基础然后添加配料。按照科罗娜咖啡的制作方法（见 139 页），咖啡苏打也是一种加香的咖啡糖浆。

配料

自制的咖啡糖浆　150 毫升（5 盎司）

冰镇矿泉水（二氧化碳会更快溶于冰水）　550 毫升（18¾ 盎司）

苹果酸（柠檬酸或酒石酸）　0.01 克

　　将所有的配料加到 1 升（33 盎司）的苏打枪中，装上二氧化碳气罐。冷却后静置，使用前最好能静置 30 分钟。

　　根据需求装入气罐。

注意：可以尝试加入苹果酸。酸能够提升口感，稳定成分，延长保鲜期。

橡木桶陈酿的咖啡利口酒

经过橡木桶陈酿的咖啡利口酒，其实就是将前面介绍的某种利口酒加入到橡木瓶或者橡木桶中，然后在凉爽的环境下进行储存。

侍酒师的小贴士

• 在橡木桶或者橡木瓶中陈酿，其实是给饮品中增添了橡木的特殊风味。橡木的量或者存储时间太少，这种风味会很难察觉到；如果太多，橡木的风味又太过突兀，掩盖了其他的风味。所以要通过不时的品尝来确认最佳的口感。如果觉得橡木味道太重，可以通过添加还没有陈酿的饮品来稀释橡木的味道。

• 随着陈酿时间的增长，酒精挥发，酒精度下降，引起糖浓度的增加，口感更加甜美。

• 选用更新鲜的橡木桶或橡木瓶，橡木的风味会更快地渗透到酒体当中。

• 使用旧的或者用过的橡木桶，陈酿后酒体的口感会不同。橡木风味对酒体的影响速度会减慢，因为在之前的陈酿过程中，已经从中萃取了一部分橡木中的风味物质。而且上次陈酿的利口酒，风味会留在橡木桶或者橡木瓶中，进而影响现在陈酿的新酒。这也被称为预调味。但是根据上次添加配料的不同，可能使新酒更加美味，也可能会破坏口感。比如之前陈酿过甜曼哈顿的橡木桶会留下黑麦和红苦艾酒的美妙香气，但是之前陈酿过尼克罗尼的橡木桶存留的香气就不太适合。

• 同样，用来陈酿咖啡利口酒的橡木桶或者橡木瓶，如果再用来陈酿其他的饮品，其中存留的咖啡风味也会影响下一次陈酿的饮品，这种咖啡风味，其实是很多鸡尾酒的美味添加剂。

无花果榛子风味冷萃咖啡

　　这种方法能够为冷萃咖啡增添坚果的烘焙香气和无花果干浓郁的风味。但是咖啡极客们可能并不喜欢，因为这影响了咖啡本身的纯粹口感。随着调酒师对新式调酒方法的探索，我相信在未来几年，这种混合口味的咖啡风格会更受欢迎。最近，我在尝试新的风味，比如杏子、可可、巴西坚果、杏仁、腰果、芙蓉花等。通过这些天然的物质，巧妙地增添咖啡的口感和香气，但是注意不要过量或者使用气味强烈的物质，避免咖啡出现异味。

配料

矿泉水　1250 毫升（42¼ 盎司）

咖啡粗粉　200 克（7 盎司）

切成小块的无花果干　150 克（5⅓ 盎司）

烘焙的榛子仁粗粉　100 g（3½ 盎司）

　　将所有干燥的配料混合在一起包在纱布里，然后加水进行冷萃萃取。

　　在凉爽、干燥、避光的环境里储存 18 小时。然后用过滤袋、平纹细布或者托迪过滤器进行过滤。

咖啡苦精

　　芳香的鸡尾酒苦精其实是将植物、药草、根和香料浸泡在酒精溶液中，去除其中的油、酸、单宁等风味和香气物质后，生成具有苦味的酒精萃取物。现在市场上有大量不同品牌的苦精可以选择，它们都是生产商投入了巨大的精力、时间和金钱而生产出的优质产品，所以我们不必自己制作苦精。然而，我身边并没有太多咖啡苦精的品牌可供选择，因为在迪拜并没有苦精这种产品，我只能自己制取。虽然加入少许香草能够使咖啡的口感更加圆润，增加迷人的香气，龙胆根（主要用在安格斯特拉苦酒中）能够增加咖啡的复杂度和微妙的苦味，使咖啡在鸡尾酒中能够产生更加美妙的滋味。咖啡中的苦味和酸味物质能够溶解在酒精中，但萃取的结果并不一定是满意的，在很多次惨痛的失败经历后，我总结了经验和教训，才发明了现在这份配方。

配料

干香草 30 克（1 盎司）

坎 特 一 号 伏 特 加（Ketel One vodka） 750 毫升（25 盎司）

布莱特（Bulleit）波本威士忌 250 毫升（8½ 盎司）

中度研磨（凯梅克斯咖啡壶使用的咖啡粒度）的咖啡粉 250 克（9 盎司）

干龙胆根研制的粗粉 1.5 克

斯米诺夫（Smirnoff）蓝标伏特加（50% 酒精度） 100 毫升（3¼ 盎司）

掰开香草豆荚，切成小块或者研磨成小颗粒，然后与坎特一号伏特加、布莱特波本威士忌和咖啡一起放入大的灭菌玻璃罐中。轻柔地搅拌，然后在罐口放茶巾或者餐巾，可以阻挡光线，释放二氧化碳。

在另外一个罐子里，混合龙胆根和斯米诺夫伏特加，然后密封。将两个罐子储存在阴凉、干燥、避光的环境里。

储存 48 小时后，先用细筛纱布过滤咖啡混合液，96 小时后过滤龙胆根，然后再用润洗过的滤纸进行二次过滤，除去更多的沉淀物。品尝两个罐子中的溶液，然后缓慢地加入少量龙胆液，不停地品尝并调整增加的剂量，直到口感平衡为止。我一般会用 80 ～ 90 毫升（2¾ ～ 3 盎司）龙胆液，但应根据咖啡的量进行调整。

注意：添加香料（如可可碎、肉桂）到混合液中，可以提升苦味并增加风味的复杂度。建议将香料单独浸泡在烈酒中，然后将这些浸泡香料的烈酒进行混合调配，达到令人愉悦而稳定平衡的口感。

☕ 咖啡 选择经过蜜处理法处理的单一源产地来源的阿拉比卡咖啡豆，进行中度烘焙。我选择了制作冷萃咖啡时常用的咖啡豆。另外，还可以选择带有可可和焦糖风味的浓郁的哥伦比亚咖啡豆和危地马拉咖啡豆。

🍾 利口酒 酒精度是影响风味物质提取的重要因素。高酒精度的利口酒是最理想的，但是很难获取，所以可用优质的伏特加替代，其他烈酒也可以，但是他们突出的风味会盖过配料成分，因此我选择了混合烈酒。如果你想要特殊的风味，可以混合少量其他的烈酒进行调配，比如墨西哥龙舌兰或者烟熏味的泥煤威士忌。这些尝试可能花费很大，且不一定有效果。

咖啡浸泡苦艾酒

　　这种方法为苦艾酒增添了浓郁的咖啡气息。我在调配鸡尾酒的时候，也经常会加一点以增添咖啡的香气。通过控制添加咖啡粉的量，调整苦艾酒中的咖啡浓度。

配料

红苦艾酒或者苦艾甜酒　700毫升（23½盎司）

研磨的咖啡粗粉　100克（3½盎司）

　　将配料放在无菌的容器中混合均匀，然后盖上一块棉布。在阴凉、干燥、避光的环境下储存 2～6 个小时。

　　使用托迪过滤器或者细筛过滤袋过滤，装瓶后进行冷藏保存。

　　☕ **咖啡**　单一源产地的咖啡粉的风味和口感与苦艾酒非常搭配。

　　🍾 **利口酒**　不同品牌的苦艾酒具有各自独特的风味，使用前建议先品尝一下，然后选择一种合适的咖啡进行调配。你可以把选择好的苦艾酒带给咖啡烘焙师，听一下他们的建议。通过在苦艾酒中添加冷萃咖啡，从而得到美妙的味觉体验。

咖啡浸泡烈酒
浸渍法

像上一篇介绍的苦艾酒的配方，这款咖啡烈酒的工艺取决于你对饮品口感强度的偏好。在调配时，我会尽量使咖啡和烈酒的风味相互融合，达到平衡的口感。我期望在咖啡的辅助下，不仅能够提升口感和风味，还能将烈酒的个性完美地呈现出来。如同其他烈酒的浸渍饮品，选择优质的咖啡粉能够提升和丰富烈酒的风味。

配料

任选一款烈酒　700 毫升（23½ 盎司）
研磨的咖啡粗粉　80 克（2¾ 盎司）

将配料放在无菌的容器中混合均匀，然后盖上一块棉布。在阴凉、干燥、避光的环境下储存 16 小时。

使用过滤袋、平纹细布或者托迪过滤器进行过滤。

注意：我曾经尝试过用滤纸，但酒体在经过滤纸时会损失一部分风味，使得过滤后的酒液并不讨喜，口感更干，还有突兀的香料味。如果一定要用滤纸，记得在使用前先用 1～2 升（33～66 盎司）的水进行润洗。滤纸湿润后，滤纸中的小孔扩张，会减少对风味物质的影响，使烈酒更顺畅地滤过。

氮气咖啡烈酒
氮气空蚀法

这款咖啡制品的配方取决于你对饮品口感强度的偏好。我喜欢将烈酒作为一种微量的调味剂添加到咖啡中，但是你可以根据自己的喜好提高比例，增强咖啡的风味。此外，你还可以再添加其他喜欢的风味物质，比如香草、肉豆蔻和橙皮。

配料

任选一种烈酒　600 毫升（20 盎司）
研磨的咖啡粗粉　150 克（5 1/3 盎司）

将烈酒和咖啡在清洁干净的奶油枪里混合均匀。密封后摇动，然后装入两罐二氧化氮气体。摇动后，静置 3 分钟，然后释放气体，用过滤袋、细纹网布或者托迪过滤器进行过滤。最后进行装瓶。

提拉米苏冰激凌

　　不得不承认，我无法抗拒晚餐后提拉米苏的美味诱惑。对我而言，用自制提拉米苏来调配鸡尾酒，是一次非常愉快的调酒经历，而且最终调配的鸡尾酒美味而迷人。对于这款配方，我列举了两种方法。这两种方式都使用了昂贵的工具，调配出口感丝滑细腻的冰激凌，如果你身边没有这些工具，可以简单的将配料混在一起，快速搅拌融入空气，然后放到冰箱冷藏，需要的时候就可以用勺子品尝。

配料

冷萃咖啡　200 毫升（6¾ 盎司）

马斯卡彭干酪　200 克（7 盎司）

全脂奶油或浓奶油　300 毫升（10 盎司）

蛋清　1 个

VS 干邑白兰地　120 毫升（4 盎司）

蜂蜜　45 毫升（1½ 盎司）

黑可可酒　45 毫升（1½ 盎司）

将配料在搅拌器里混合均匀。

　　方法 1：将混合均匀的配料加入到冰激凌机器中，在冷冻的同时进行搅动，直到变得浓稠而顺滑。

　　方法 2：将混合配料放在万能冰磨机的小罐子里，冷冻成固体后，再把小罐子安装到设备上，根据需求在真空中搅拌至分层。

咖啡泡沫

大约从 2006 年开始，泡沫成为调酒师使用的一种特殊配料，从那以后就在全球流行起来。一开始，调酒师只是对厨房里研发的新式菜系感到好奇，受其启发，调酒师将厨师的烹饪方法借鉴到了调配工艺中。关于空气和泡沫的制作方法有很多，制作时需要用到乳化剂，比如蛋清、卵磷脂或者蔗糖搭配风味物质（一般用白砂糖调味）。用下面的配方可以制作简单而细滑的泡沫，加入到鸡尾酒中可以保持一层厚厚的"奶盖"，而不会化成黏稠的液体。

配料

经过巴氏杀菌的蛋清　150 毫升（5 盎司）

一种高浓度的冷萃咖啡　150 毫升（5 盎司）

糖浆（见 55 页）　150 毫升（5 盎司）

乳化剂　2.2 克

黄原胶　1.2 克

在灭菌容器里，用搅拌棒将配料混合均匀。加入到 iSi 奶油枪里，再装上 2 个二氧化氮气罐（不能用二氧化碳）。

冷藏保存，待需要的时候取出使用。保鲜期在 2 周左右。

咖啡空气

　　咖啡空气比咖啡泡沫更加绵密丰富，而且泡泡更大，试想一下泡泡浴而不是卡布奇诺里的泡沫。咖啡空气的制作方法有很多种，可以用乳化剂卵磷脂或者蔗糖搭配调味剂。我一般会选择特奇乐（Texturas）系列的分子美食原料乳化剂（Sucro）和黄原胶（Xantana），它们有助于维持泡泡的形状和体积，比卵磷脂的效果更加稳定。下面介绍的配方可以用来制备简单丝滑的咖啡空气，加到鸡尾酒表面也可以保持稳定。

配料

一种高浓度的冷萃咖啡 150 毫升（5盎司）

乳化剂 6 克

黄原胶 0.2 克

　　在无菌容器里用搅拌棒或者电动打蛋器将配料混合均匀，倒入广口容器，再放入鱼缸充氧器中的橡皮管（可以在宠物店里买到）。打开充氧器的开关，可以看到升起的气泡。

　　舀一勺气泡倒在饮品上，关闭充氧器，等下次使用时再打开。我每天都会根据需求制作咖啡空气。

甘那许巧克力咖啡

　　浓郁的甘那许巧克力入口后丝滑细腻，如天鹅绒般柔顺，简直就是殿堂级的液体饮料！它的制作工艺非常简单，在巧克力中加入了热奶油和黄油。向其中添加咖啡和利口酒之后，口感和风味自然也提升到了更高的水平。制作完成后，放在冰箱里可以保存数月，无论何时取出饮用，它都能保持液体巧克力丝滑细腻的口感，而且还可以用来装饰酒杯边缘（见下一页图片，左下图和右下图）或者添加到鸡尾酒和甜点里。

配料

黑巧克力（大约60%的可可含量）　300
　　克（10盎司）

掼奶油　400毫升（13½盎司）

无盐黄油　25克（¼块）

冷萃咖啡　105毫升（3½盎司）

马达加斯加香精　2毫升

波本威士忌　105毫升（3½盎司）

盐　少许

　　在平底锅中倒入300毫升（10盎司）水，加热到微微沸腾。把巧克力放在中等大小的隔热碗里，然后放到一边。

　　在另一个锅里放入奶油、黄油、咖啡和香草精，中火加热的同时进行搅拌，直到微微沸腾（见下一页右上图）。

　　将盛放巧克力的碗放到微微沸腾的锅里。然后把奶油和黄油的混合物加入到巧克力中，混合均匀（见下一页中间位置的左图）。

　　用力搅动混匀配料，同时缓慢地加入波本威士忌。如果发生水油分层，则要加入更多的奶油，然后继续搅动直到如天鹅绒般丝滑柔顺。此时如果放入汤匙，巧克力混合物能够黏附在勺子背面，而且能够沿着勺子背面缓慢流下。根据口感需要加入少许盐。

　　离火后进行冷却，然后放到灭菌的挤压瓶中。冷藏储存。

白兰地咖啡香氛

　　旋转蒸发仪实际上是科学实验室级别的蒸馏器，它可以在真空下进行蒸馏，可以避免萃取时使用高温引起的风味改变，让调酒师有更多的机会尝试用一些新鲜有趣的配方制作鸡尾酒。我曾经制作过一些非常棒的萃取物，比如凤梨金酒、焦糖香蕉、皮革、花生酱和新鲜切割的青草。下面介绍一种非常简单的制作方法，产生的咖啡香氛澄清干净，可以被用来加到饮品里面或者洒在表面上。

配料

冷萃咖啡伏特加（用伏特加代替水，按照5:1的比例制作高浓度的冷萃咖啡浸泡液）　500毫升（17盎司）

　　先检查蒸发仪，保证仪器是干净的，气阀封闭，接收瓶稳固。一切准备就绪后，打开开关，将冷凝器的冷却温度调到 -12℃（10 ℉）。水浴池中装满温水，将温度调到30℃（86 ℉）。

　　当水温和冷凝器达到设定的温度时，将咖啡伏特加加入到蒸发瓶中，然后牢固地连接到蒸发仪上，降低位置，使蒸发瓶置于水中。

　　打开外部的真空泵，将转速调到150，然后开始旋转。注意：旋转得越快，蒸馏的速度也会越快。为了保证能够顺利萃取，建议在前10～15分钟的时间里，要仔细观察，保证转速和水浴的温度与设置相符。如果有需要，你可以调整转速和温度来提高萃取的效率，但是小心不要使液体沸腾。在蒸馏的过程中，转速和温度都会提高。

　　如果你能闻到蒸馏液的味道，说明已经损失了蒸馏液中优质的化合物，这可能是由于冷凝器温度不够低或者阀门被打开而引起的。你可以通过降低水浴的温度、减小转速进行调整，但是此时蒸馏速度仍然非常快。

　　当蒸发瓶中的沉淀物变成黏稠的半流体物质时，说明蒸馏已经完成了。

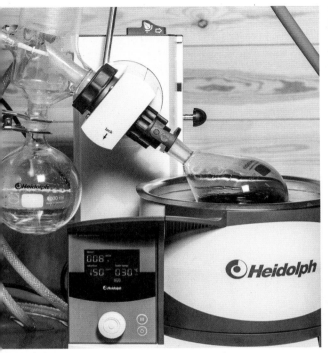

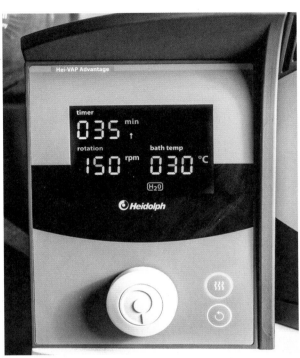

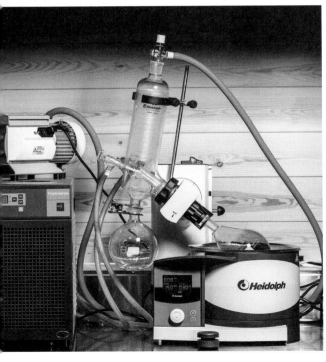

术语表

阿玛莲娜樱桃糖浆 (Amarena) 将小粒、深色的意大利酸樱桃储存在风味浓郁的糖浆中。

阿玛罗利口酒 (Amaro) 阿玛罗，意大利语，指有点苦味的药草型或香草型利口酒。

阿拉比卡 (Arabica) 阿拉比卡咖啡树是一种常绿树种，它生产的咖啡豆比其他品种的更优质——首选100% 阿拉比卡咖啡豆。

喷雾瓶 (Atomizer) 这是一种小瓶子，可以将食用型芳香剂喷洒到饮品上。

咖啡师 (Barista) 以专业制作咖啡为生的人。

苦精 (Bitters) 一种芳香型的鸡尾酒配料，从树根、花、水果、香料或者香草类植物中提取的，浸泡在基酒中可以平衡口感，增加风味。

火焰鸡尾酒 (Blazer) 一种以烈酒为基酒的饮品，用火点燃，然后在两个容器之间进行抛接以加热，调和并溶解糖分。

粉水比 (Brew ratio) 在萃取咖啡时使用的水和咖啡粉的比例，如 5∶1 就是 5 份水兑 1 份咖啡粉。

咖啡壶 (Cafetiere) 一种法式滤压壶或者法式柱塞壶。

凯梅克斯咖啡壶（Chemex） 为制作手冲咖啡而设计的一种沙漏形的容器，需要使用滤纸进行过滤。

五香粉 (Chinese 5 spice) 常用于中餐烹饪的混合辛香料粉。它混合了肉桂、八角茴香、丁香、茴香籽和花椒。有些配料中也加入肉豆蔻、姜和甘草。

冷萃咖啡 (Cold brew) 在室温下冲泡的咖啡，通过长时间的接触而不是加热来提取咖啡中的风味物质。

冰滴咖啡 (Cold drip) 以冰滴滴落的形式萃取咖啡，利用时间和重力的作用来提取风味物质。

飞碟杯 (Coupette) 也被称为香槟杯，它是一种带杯柄的玻璃杯，类似于经典的马天尼鸡尾酒杯但瓶口是广口形而不是 V 形的。

奶油虹吸瓶 (Cream syphon) 通常也被称为是 iSi 奶油枪。这是一种小罐，装入二氧化氮或者二氧化碳气体，可以向奶油或者蛋清中注入二氧化碳或者泡沫类配料，用于制作泡沫。

咖啡壶 (Dallah) 这是一种阿拉伯咖啡壶，用来冲泡一种被称作咖瓦（Qahwa）的阿拉伯咖啡。

深度烘焙咖啡豆 (Dark roast) 这是一种烘焙成深巧克力色，表面油亮有光泽的咖啡豆。

抖振 (Dash) 这是一个非常小的测量单位，大概相当于 1 毫米。

双重过滤 (Double strain) 通过霍桑过滤器和过滤网除去摇酒壶中细小的颗粒，过滤到玻璃杯中。

白兰地 (Eau de vie) 一种清澈的水果蒸馏酒。

燃烧的果皮 (Flaming zest) 通过点燃橙皮或者柠檬皮中的精油，在饮品表面产生焦糖的香气。

甘纳许 (Ganache) 一种液体巧克力。

金黄糖浆 (Golden syrup) 一种在烘焙时使用的传统英式焦糖糖浆。

半牛奶半奶油 (Half & half) 由鲜奶油和牛奶一半兑一半形成的混合物。

蜜处理法 (Honey process) 这是一种咖啡生豆的处理方法，先将果实外皮剥去，然后对带有完整果胶黏膜的咖啡生豆进行干燥处理。

咖啡壶 (Ibrik) 一种长柄的土耳其咖啡壶。

轻度烘焙咖啡豆 (Light roast) 经过轻度烘焙后的咖啡豆。

苹果酸 (Malic acid)　一种天然的水果酸，通常与苹果有关。

摩卡咖啡 (Mocha/Moka/Mokha)　摩卡咖啡是由卡布奇诺或者热巧克力改良而来的。摩卡壶是一种意式的咖啡冲泡工具，放在炉面上直接加热。摩卡（Mokha）是也门的一个港口，这里也是咖啡运向世界其他国家的起点。

口感 (Mouthfeel)　在品尝食物或饮品时，嘴巴里感觉到的质地、温度以及整体的触感。

咖啡果胶 (Mucilage)　在咖啡果皮下的一层果肉，黏附在咖啡豆上。

日晒法 (Natural process)　咖啡采收之后，要在取出内部的咖啡生豆前，曝晒在太阳下进行自然晒干。

氮气空蚀法 (Nitro-cavitation)　使用奶油虹吸壶中的氮气将风味物质快速融入到液体中的过程。

万能冰磨机 (Pacojet)　一款功能性很强的搅拌机，在真空下进行微搅拌，并向冰冻的配料中充入气体，非常适合用来制作冰激凌和雪糕。

手冲 (Pour-over)　一种冲泡咖啡的方法，把水倒入咖啡粉中然后经过滤器滤出咖啡。

预调 (Pre-batched)　在提供饮品的服务前，先将配料混合调配好，可以提高速度和品质的稳定性。

罗布斯塔咖啡 (Robusta)　一种生命力很强的咖啡树，出产的咖啡低酸、高苦涩度，主要用于速溶咖啡。

美国咖啡协会（SCA）　精品咖啡协会，高品质咖啡的代表联盟。

单一源产地咖啡 (Single origin)　生长在一个已知的地理产地，具有独特个性的咖啡。

低温慢煮 (Sous-vide)　恒温水浴，用于烹饪或者萃取风味物质。

精品咖啡 (Speciality coffee)　在独特的微气候下生产的咖啡豆，具有最好的品质和风味。

乳化剂 (Sucro)　来自特奇乐（Texturas）分子料理原料系列中的一种乳化粉，是用来制作泡沫或者充气液体的理想配料。

糖浆 (Sugar syrup)　除非特殊说明，一般是将蔗糖同比例溶解在水中。2：1 的比列也经常用到。

滤袋 (Superbag)　一种尼龙网纱的滤袋，用于过滤液体中的细小颗粒。

搅拌 (Swizzle)　用调酒匙或者调酒棒用力搅拌调和鸡尾酒中的配料。

风土 (Terroir)　由于独特的环境特征而影响咖啡或者葡萄酒的风味，可以通过品鉴感知到这种影响。

抛接法 (Throw)　将鸡尾酒在两个摇酒壶中来回抛接进行混合，冷却，稀释和充气。

托迪系统 (Toddy System)　托迪是一套设备的品牌名称，是用于浸泡冷萃咖啡的装置。

V60 滤杯　制作手冲咖啡时，用于固定滤纸位置的工具，由日本公司 Harrio 发明，它的名字来源于 V 形角度 60 度。

苦艾酒 (Vermouth)　一种用植物材料加香，用烈酒进行强化的葡萄酒，起源于 18 世纪中期意大利都灵。在冰箱里储藏。

水洗法 (Washed process)　一种除去咖啡果实上表皮和果肉的方法，需要使用大量的水。

黄原胶 (Xantana)　黄原胶粉是特奇乐（Texturas）分子料理原料中的一种，主要用来增稠液体。

关于作者

我生活在新西兰，对精品咖啡文化从小耳濡目染，所以冲泡一杯完美的意式浓缩咖啡，打出漂亮的奶泡，对我而言都是很简单的事情，出于迫切想要挑战更高难度的心理，我冲泡出了令人惊艳的馥芮白咖啡。

对我而言，将咖啡与利口酒调配在一起是很自然的事情，但是多年以来，这两种饮品搭配在一起产生的丰富多样的调配组合还是另很多人感到惊奇，这大概也是我写这本书的原因。

我仍然记得第一次喝咖啡利口酒的感受。那是在1997年，当时我还是个有着一张娃娃脸的17岁少年，在一家派对酒吧里管理杯子。那是在一个异常忙碌的换班中途，一群口渴的顾客蜂拥而至，当时我正在清理卫生。这时，酒吧的领班带了两个杯子从后台溜了出来，里面的液体分成三层，这是他从过度兴奋的客人（婉转的说法）那里没收来的。我轻抿了一口，哇！随之而来的是巨大的惊喜。最上层是甜美的橙子，温热的口感来自刚熄灭的火焰，第二层是焦糖奶油的味道，最后是甜美但风味浓郁的咖啡。"B52轰炸机"就是由此激发的灵感！然后我带着微笑，踏着愉快的步伐回到岗位上，迅速地把脏杯子清理干净了。

在接下来的几年里，我学着为自己调配这样的鸡尾酒，有"爱尔兰咖啡""F.B.I."，以及风靡全球的"意式浓缩马天尼"。自2002年担任咖啡师的工作时起，我就开始结合自己在这两个行业的经验，研制自己的咖啡和鸡尾酒配方。

最近，我刚庆祝了自己在酒吧行业里工作的20周年，我结合在4个国家，多个不同的场合里从事的各种角色和相关经历，不断地提升自己的能力。

多年来，我非常自豪自己可以代表新西兰酒吧协会参加多个全球鸡尾酒大赛，包括42维之下鸡尾酒世界杯（42 Below Cocktail World Cup）、IBA世界总决赛（IBA World Final）、波士环游世界大赛（Bols Around the World）以及阿普尔顿庄园世界总决赛（the Appleton Estate World Final）。最精彩的是2013年和2014年帝亚吉欧全球总决赛，在2013年，我获得了第四名的成绩。

这些赛事给了我极大的热情，我很高兴向其他调酒师分享我的经历和调酒技巧，帮助他们实现自己的梦想。

致谢

我想向那些帮助我完成这本书的人举杯致谢！

我的妻子 Venetia Tiarks-Clark，感谢她一直以来的鼓励和支持。

我杰出的摄影师 Alex Attitov Osyka 和他的助理，感谢他们。

我的父亲 Graham Clark，感谢他的指导和支持。

Daniel Jon Miles，感谢他在写作技巧上对我的指导，帮助我对作品进行修饰润色。

感谢迪拜咖啡博物馆，为我提供了咖啡发展史的资料（16～19页）。感谢他们提供的关于中东丰富的咖啡历史和咖啡产业的精彩展览。

感谢我的雇主 African + Eastern，中东地区最好的烈酒经销商。

感谢我的老朋友 Ben Jones，感谢他天才的设计和正能量。

感谢迪拜的 Muddle Me 酒吧的供应商，感谢他们提供的精美的玻璃器皿和工具。

感谢 Night Jar 咖啡烘焙厂的支持。

感谢迪拜的 T&J 餐厅，感谢他们分享的一些精美的玻璃器皿。

感谢 Classic fine foods。

Acen Razvi，感谢他出色的摄影支持。

感谢那些曾经要为我提供支持，但最终我没有接受赞助的品牌，因为相较于新品牌，我更愿意选择自己喜欢或者熟悉的品牌。

感谢迪拜咖啡馆 Choix Patisserie 和 Classic Fine Foods 餐厅的主厨 Jean-Francoise，感谢他将巧克力球和我在本书里最喜欢的鸡尾酒组合在一起。

感谢出版商愿意为我冒险，并迅速地推进本书。

感谢我遇到的每一个充满热情的调酒师和咖啡师。感谢你们愿意花时间阅读我的书，希望你们能够从中找到一些灵感，让更多人享受到咖啡鸡尾酒的艺术。

向你们致谢，干杯！

詹森·克拉克